国家林业和草原局普通高等教育"十四五"规划教材

动物病理解剖学实验实习指导

童德文　赵晓民　黄　勇　主编

中国林业出版社
China Forestry Publishing House

内容简介

本书共包括17个实验和4次实习，其中实验一~实验十一是基础病理学的实验内容，实验十二~实验十七是系统病理学的实验内容；实习部分包括动物尸体剖检术式、动物病理大体标本制作技术、石蜡切片制作技术及冰冻切片制作技术。本书是在参考国内外同行的教材、学术论文的基础上，结合编者多年的教学、科研成果进行编写，内容理论联系实践，图片资料都是编者制作、拍照得到的。既可作为动物医学（兽医）、动物药学等专业大学本科学生的教材，也可作为兽医学科研究生相关课程教材使用。

图书在版编目(CIP)数据

动物病理解剖学实验实习指导 / 童德文，赵晓民，黄勇主编．—北京：中国林业出版社，2021.12
国家林业和草原局普通高等教育"十四五"规划教材
ISBN 978-7-5219-1391-0

Ⅰ. ①动… Ⅱ. ①童… ②赵… ③黄… Ⅲ. ①动物疾病-病理解剖学-实验-高等学校-教学参考资料 Ⅳ. ①S852.31-33

中国版本图书馆 CIP 数据核字(2021)第 209511 号

中国林业出版社·教育分社

策划、责任编辑：高红岩　李树梅	责任校对：苏　梅
电　　话：(010)83143554	传　　真：(010)83143516

出版发行　中国林业出版社(100009　北京市西城区德内大街刘海胡同7号)
　　　　　E-mail:jiaocaipublic@163.com　　电话：(010)83143500
　　　　　http://www.forestry.gov.cn/lycb.html
印　刷　北京中科印刷有限公司
版　次　2021年12月第1版
印　次　2021年12月第1次印刷
开　本　787mm×1092mm　1/16
印　张　5
字　数　100千字
定　价　28.00元

未经许可，不得以任何方式复制或抄袭本书之部分或全部内容。
版权所有　侵权必究

《动物病理解剖学实验实习指导》
编写人员

主　编　童德文　赵晓民　黄　勇

编　者　（以姓氏拼音排序）

　　　　高　丰（吉林大学）

　　　　黄　勇（西北农林科技大学）

　　　　祁克宗（安徽农业大学）

　　　　石火英（扬州大学）

　　　　童德文（西北农林科技大学）

　　　　杨利峰（中国农业大学）

　　　　赵晓民（西北农林科技大学）

前言

　　动物病理解剖学是一门对实践技能要求很高的课程,要求学生不但掌握动物疾病的发生原因、发生机理,还需要学生掌握动物发生疾病时机体组织器官的病理变化,包括肉眼观察病理变化和细胞组织的显微病理变化,根据动物组织器官的病理变化诊断疾病,判定疾病的发生、发展规律,为认识动物疾病和诊断疾病积累资料,为防控动物疾病提供依据。为了更好地理解和掌握动物病理解剖学的理论知识,培养学生的实践技能和病理诊断能力,配合高校动物病理解剖学、动物病理学课程的理论教学,我们编写了《动物病理解剖学实验实习指导》一书,作为动物医学(兽医)、动物药学等专业大学本科学生的教材,也可作为兽医学科研究生相关课程教材使用。

　　本书共包括17个实验和4次实习,其中实验一~实验十一是基础病理学的实验内容,主要是让学生观察、理解和掌握患病动物组织器官基本病理变化;实验十二~实验十七是系统病理学的实验内容,主要让学生观察、理解和掌握患病动物各系统的病理变化;实习部分包括动物尸体剖检术式、动物病理大体标本制作技术、石蜡切片制作技术及冰冻切片制作技术,主要让学生掌握动物尸体剖检的目的、基本要求、病理变化的描述和动物尸体剖检报告的撰写要求、剖检术式及病料采取和寄送方面的知识及技能。本书是在参考国内外同行的教材、学术论文的基础上,结合编者多年的教学和科研成果进行编写,内容理论联系实践,图文并茂,内容丰富。

在本书编写过程中，内容对标《动物医学类教学质量国家标准》，力争重点突出、内容精炼、图文并茂、通俗易懂，力求更加适用于当前本科生和研究生教学的需要，以培养应用型和科研型兽医人才为根本任务。

由于编写时间紧迫、水平有限，书中缺点或错误仍可能存在，期待各兄弟院校的同行专家和所有读者批评指正，以便后期重印或修订时再改进。

主　编
2021 年 10 月于杨凌

目 录

前　言

动物病理大体标本和动物病理组织切片观察方法 …………………… 1

第一部分　实验指导

实验一　　充血、出血、水肿 ………………………………………… 5

实验二　　血栓、栓塞、梗死 ………………………………………… 8

实验三　　变性 ………………………………………………………… 11

实验四　　坏死 ………………………………………………………… 14

实验五　　病理性钙化、结石形成与病理性色素沉着 ……………… 16

实验六　　肉芽组织、机化与包囊形成 ……………………………… 18

实验七　　萎缩 ………………………………………………………… 20

实验八　　炎症细胞和渗出液 ………………………………………… 22

实验九　　变质性炎症与渗出性炎症 ………………………………… 25

实验十　　增生性炎症 ………………………………………………… 28

实验十一　肿瘤 ………………………………………………………… 31

实验十二　淋巴-网状内皮系统病理 ………………………………… 35

实验十三　心血管系统病理 …………………………………………… 36

实验十四　呼吸系统病理 ……………………………………………… 37

实验十五　消化系统病理 ……………………………………………… 39

实验十六　泌尿系统病理 …………………………………………… 41

实验十七　神经系统病理 …………………………………………… 42

第二部分　实习指导

实习一　动物尸体剖检术式 ………………………………………… 45

实习二　动物病理大体标本制作技术 ……………………………… 57

实习三　石蜡切片制作技术 ………………………………………… 59

实习四　冰冻切片制作技术 ………………………………………… 64

参考文献 ……………………………………………………………… 66

附录　试剂配制 ……………………………………………………… 67

动物病理大体标本和动物病理组织切片观察方法

一、动物病理大体标本的观察与描述方法

（1）观察动物病理大体标本时，要注意标本的器官名称及其大体结构，器官与组织的病变部位，它与邻近组织的关系，器官与病灶的质量（有可能称重时）、体积和形状等。在观察和描述动物病理大体标本时，要注意组织和病灶的色彩、各组织颜色分布、质地变化、有无特殊气味、切面的情况（如标本已经固定，则应观察所注明的固定液性质，装于何种容器。10%福尔马林能使组织变硬并失去原来颜色和气味，因此在观察用10%福尔马林固定的标本时应考虑到这种变化）。

（2）根据所观察到的病理变化，进行准确、详细、客观地描述，并做出病理诊断。

二、动物病理组织切片的观察与描述方法

1. 肉眼观察

首先，要用肉眼检查病理切片，必要时取下目镜，将其倒转放在切片与眼睛之间，辨认是哪种器官、组织，大体结构有无变化、病变部位、形态及大小如何。然后，用低倍镜全面观察，了解切片的全貌。在低倍镜下描述时，还要注意病理组织切片的名称和染色方法（病理组织切片多用苏木精伊红染色，即 HE 染色，特殊染色会有注明）。

2. 低倍镜观察

（1）观察病理组织切片的一般外貌　确定是何种组织，组织结构是否保持正常或已破坏，各部分的着色是否均匀，实质和间质的比例关系，被膜是否增厚或变薄，有无增生、出血或坏死。应描述病灶的形状、大小、中心和外周的情况，以及周围组织的情况。

（2）观察血管系统的状态　有无充血、缺血、淤血或出血，其部位和范围如何，该部位的组织状态如何，大、中、小血管和毛细血管的腔和管壁如何，血管腔内各种血细胞是何种比例关系，血管和毛细血管壁的嗜银性膜的状态如何。

（3）观察结缔组织的状态　细胞呈何种状态，是否增多或减少、或变得稀疏，结缔组织有无增生、水肿或浸润。

（4）观察实质细胞的状态　在整个切片中，实质细胞的着染是否均匀，与结缔组织、网状组织或网状内皮组织的比例关系。

（5）观察神经纤维的变化　观察神经纤维着色是否均匀、肿胀等。

3. 高倍镜观察

在低倍镜观察的基础上，进一步用高倍镜或者油镜仔细观察病变部位细微结构的病理变化。

（1）观察血管和毛细血管的状态　红细胞和白细胞处于何种状态，其着染和形状如何；各种白细胞的比例关系，淋巴细胞、单核细胞和其他血液细胞的状态；血管和毛细血管是否充盈红细胞，其内皮细胞的状态如何，毛细血管嗜银性膜及大、中、小血管壁呈现何种

状态；血管内膜、外膜、肌层和该部位各细胞的状态如何，细胞有无肿胀、变圆、血管外膜剥脱的情况，细胞膜和细胞核呈何种状态，细胞浆的状态如何。

（2）血管周围间隙的情况　有无水肿和扩张，是否有淋巴细胞、组织细胞的增生，增生细胞有几种，数量如何，增生的范围有多大，增生细胞的细胞浆呈现何种状态，毛细血管和小血管周围有无细胞增生，数量、种类及增生范围如何。

（3）观察结缔组织和基质的状态　有无水肿、肿胀和混乱，成纤维细胞和结缔组织细胞处于何种状态，结缔组织细胞的细胞核和细胞浆着染的色彩、结构和其他特征如何，有无增生和浸润的细胞，它们的种类和数量如何。

（4）实质细胞的状态　细胞的着染程度如何，它们的细胞核和细胞浆的形态如何，有无营养不良性病变，如萎缩、颗粒变性或其他变性、或者坏死变化，实质细胞的排列是否整齐，与结缔组织的比例关系如何。

（5）观察神经纤维和神经细胞　细胞核、细胞浆和神经纤维的着染程度如何，构造上有无变化。

（6）观察被膜　是否增厚或变薄，有无增生，其组织结构如何。

三、注意事项

（1）实验时要根据实验指导的要求，按一定的顺序，细致地观察动物病理大体标本和动物病理组织切片，动物病理组织切片与动物病理大体标本应相互对照，以求全面了解。并将观察结果记录于实习报告内，病理组织变化如有必要时应用彩色铅笔绘图或拍照。根据以上观察和描述的变化，正确做出组织切片的诊断。

（2）动物病理大体标本的描述要客观，不应加任何解释或推论，描述用语要具体、形象，描述的文字应简练而有逻辑性。

（3）动物病理组织切片的观察，一定要有牢固而完整的正常动物组织学概念，因此必须加强《动物组织学与胚胎学》的复习。

（4）动物病理大体标本和动物病理组织切片的描述要全面，把所有的病理变化均描述清楚，必要时可拍摄照片。

（5）实验进行中，请注意安全和课堂纪律，保持安静，爱护标本和切片，爱护显微镜、计算机等实验器材。

第一部分
实验指导

实验一　充血、出血、水肿

一、充血

目的：通过肉眼观察和显微镜检查，能够认识动脉性充血（简称充血）、静脉性充血（即淤血）的形态特征，并以形态特征联系到它的发生原因、机制及其对机体的影响。

材料：

标本：肺充血、马传染性贫血急性型肺淤血出血、马传染性贫血槟榔肝。

切片：肝淤血（观察）、肺充血（示教）。

观察：

1. 肺充血

眼观：充血的肺脏呈弥漫的鲜红色，比正常肺稍肿大，质地较实在。

镜检：肺动脉和肺泡壁毛细血管扩张。血管内充盈着红细胞，血管数量显著增多（图1-1）。

必须说明的是：尸体剖检时，通常不易见到动脉性充血。这是由于：①家畜临死时，全身小动脉和毛细血管发生反射性收缩，血液被排挤出动脉。②充血变化短暂，一般仅出现于炎症初期，随着病理过程的进一步发展，常常被其他变化（如淤血）替换。③动物死亡后，血管壁的固有机能消失，失去紧张性，血液受重力影响而下沉，出现"沉降性充血"，改变了原有的动脉充血状态。④死于心力衰竭的动物，常因全身性淤血掩盖了生前动物的动脉性充血表现。

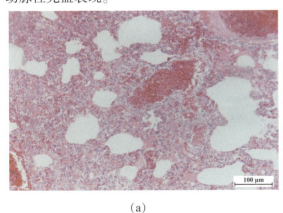
(a)

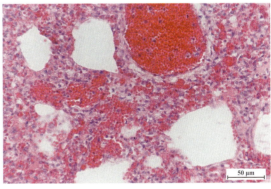
(b)

图1-1　肺充血、出血（HE）

2. 肝淤血

眼观：肝体积增大，被膜紧张，边缘变钝，颜色紫红，切面流出多量暗红色血液。淤血时间较久时，由于肝小叶中央静脉和肝血窦充满红细胞而呈红棕色（淤血），肝小叶周边部分由于细胞脂肪变性而呈淡灰黄色，因此肝脏呈红黄相间、似槟榔切面的花纹，故淤血肝常有"槟榔肝"之称。

镜检：①肝细胞肿大，细胞浆内有大小不一、数量不等的圆形空泡。②肝小叶中央静脉、小叶间静脉高度扩张、充盈多量红细胞。③淤血时间较久时，肝小叶周边的肝细胞变

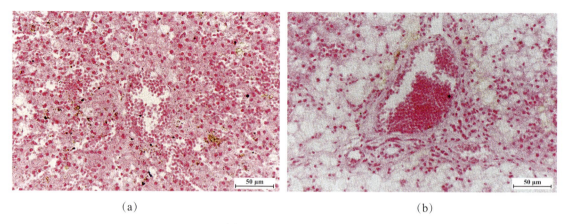

(a)   (b)

图1-2 肝淤血（HE）

性，中央静脉周围的肝细胞变性、坏死（图1-2）。

二、出血

目的：认识出血的形态学变化。
材料：
标本：肾点状出血、皮肤点状出血、肠出血、淋巴结出血。
切片：淋巴结出血（观察）、肠出血（示教）。
观察：

由于渗出性出血较细微，一般表现为出血点、出血斑和溢血。破裂性出血大多形成血肿或腔出血。

1. 肠出血

眼观：肠浆膜和黏膜上很多出血点或/和出血斑（图1-3）。
镜检：肠黏膜固有层血管扩张，充满红细胞，血管周围组织中有出血灶，有大量散在或积聚的红细胞（图1-4）。

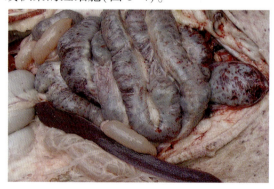 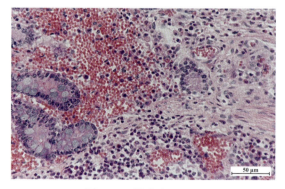

图1-3 肠出血   图1-4 肠出血（HE）

2. 淋巴结出血

眼观：主要表现在被膜下窦区域和小梁周窦区域出血，所以呈大理石样外观。
镜检：以上区域出现程度不一的红细胞。严重者，出血可波及所有区域，同时血管充

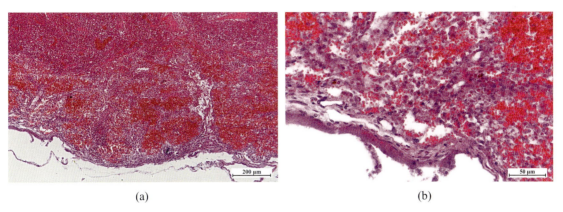

(a)　　　　　　　　　　　　　　　　(b)

图 1-5　淋巴结出血（HE）

血、血管内皮细胞肿胀（图 1-5）。

三、水肿

目的：了解各器官水肿时形态学特点。

材料：

标本：肺水肿、皮肤水肿、胃壁水肿、盲肠黏膜水肿、心包积水。

切片：肺水肿（示教）。

观察：

眼观：肺水肿时，外观半透明，表面湿润，质地较健康肺组织坚实，切面流出含有大量泡沫的淡红色液体。胸膜下和小叶间隙增宽，呈胶冻样，质量增加。

镜检：肺泡腔内所积存的水肿液呈均质粉红色，其中混有上皮细胞及中性粒细胞，以及较多的红细胞。肺泡间隔增宽，毛细血管扩张，毛细血管内充盈有大量红细胞，小叶中较大的血管均扩张，充盈大量红细胞。

实验二　血栓、栓塞、梗死

一、血栓

目的： 通过对血栓的动物病理大体标本和组织切片的观察，明确血栓的形态表现、发生机制及血栓和死后凝血块的区别。

材料：

标本：马肝静脉血栓、肺静脉血栓、鸡脂样凝血块。

切片：肺静脉混合血栓（观察）。

观察：

血栓可分为红血栓、白血栓、混合血栓和透明血栓。

1. **红血栓**

眼观：为暗红色血凝块，由血液的所有成分组成。

镜检：在纤维蛋白网中充满红细胞和白细胞。

2. **白血栓**

眼观：呈黄色或灰白色，形状不一，在心瓣膜上呈疣状，在心室腔呈层片状，而在心耳则呈息肉状。

镜检：血小板团块为红染的细颗粒样物质，在血小板团块或小梁之间有网状的纤维蛋白和白细胞，相互呈层状排列。

3. **混合血栓**

眼观：颜色红黄色相间，质地较硬。

镜检：红细胞、红染的细颗粒样物质（血小板）和白细胞相间（图2-1）。

4. **透明血栓**

眼观：主要发生于毛细血管。

镜检：血管内呈均质、红染的物质。

鸡脂样凝血为动物死后凝血块，必须与血栓加以区别（表2-1）。

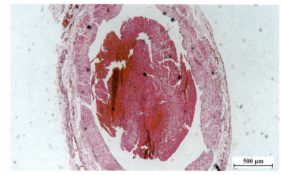

(a)

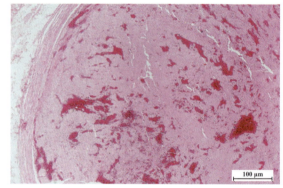

(b)

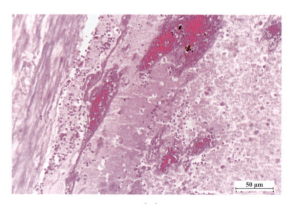

(c)

图2-1　混合血栓（HE）

表 2-1　血栓和死后血凝块的肉眼区别

区别项目	血栓	死后血凝块
光泽	暗而无光	有光泽
质地	脆	有弹性
与血管壁附着情况	牢固	不附着
撕下后血管壁情况	有损伤	无

【附】肺弥散性血管内凝血(DIC)是指在某些致病因子的作用下，大量促凝物质入血，凝血因子和血小板被激活，使凝血酶增多，微循环中形成广泛的微血栓，继而因凝血因子和血小板大量消耗，引起继发性纤维蛋白溶解功能增强，机体出现以止、凝血功能障碍为特征的病理生理过程，简称微血栓。微血栓多发生于肾、垂体、肾上腺、肺、脑、胃肠等器官，一般肉眼无法辨认。镜检：在小动脉和小静脉及毛细血管里，有一束或几束纤维蛋白网罗有多少不一的红细胞而构成血栓，它可能完全阻塞或不完全阻塞血管。有时只有很小的纤维蛋白，好似漂浮在血管内一样。在较大一些的血管内可见纤维蛋白网组成团块状。

二、栓塞

目的：掌握栓子运行途径及栓塞对机体的影响。

材料：

切片：兔肾脂肪栓塞(示教)。

观察：

有些栓子是病理产物(如血栓、脂肪、肿瘤细胞迁移)，有些是病原体(如寄生虫、细菌)或者是空气等。兔肾脂肪栓塞，脂肪栓子在肾小球易见到。在石蜡切片里，由于脂肪球已经溶解，只留下空泡，而在经过锇酸处理的切片里，脂肪球不会被溶解，而且锇酸能氧化不饱和脂肪酸，成为黑色不溶解物。

三、梗死

目的：通过观察梗死的动物病理大体标本和组织切片，了解梗死的形态表现及发生机制。

材料：

标本：马肾贫血性梗死、猪瘟肾出血性梗死、猪瘟脾出血性梗死。

切片：肾出血性梗死(观察)。

观察：

1. 肾贫血性梗死(肾白梗死)

眼观：梗死区颜色灰黄或灰白、干燥无光、质地较脆。典型者呈圆锥状，尖端指向肾门，底部位于表面，呈三角形，梗死区外周有一红色区带。

镜检：梗死区的肾小管和肾小球细微结构已不见，但其轮廓尚能辨认(图 2-2)。梗死区外周有一明显的出血带。

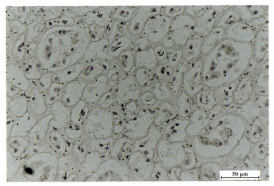

图 2-2 肾贫血性梗死（HE）

2. 肾出血性梗死（肾红梗死）

眼观：梗死区呈三角形，界限清楚，暗红色或红黄相间，常突出于表面。

镜检：梗死区的肾小管和肾小球细微结构（如细胞核）均已不见，但其轮廓尚能辨认，肾小管间有大量的红细胞，如一片血海。坏死的肾小球几乎被红细胞充满（图 2-3）。

3. 脾出血性梗死

眼观：主要见于急性猪瘟，特别是在边缘部位，有大小不一、界限清楚的暗红色肿块，并突出于表面。

镜检：梗死区脾脏的正常结构已完全破坏。

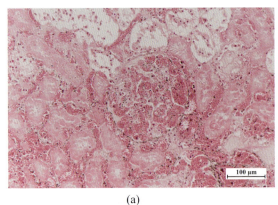

(a)

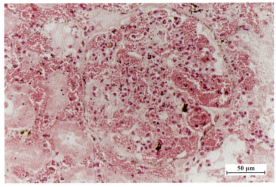

(b)

图 2-3 肾出血性梗死（HE）

实验三　变性

一、颗粒变性（混浊肿胀）

目的：通过对动物病理大体标本和组织切片的观察，认识颗粒变性的一般形态表现。

材料：

标本：肝脏颗粒变性、肾脏颗粒变性、心脏颗粒变性。

切片：肝脏颗粒变性、肾脏颗粒变性（观察）。

观察：

颗粒变性多见于心、肝、肾、骨骼肌等器官。轻度的颗粒变性眼观变化不明显。严重时，组织器官体积肿大，被膜紧张，边缘变钝，色泽变淡，呈灰白色或土黄色，像用开水烫过一样，质地软脆，切面隆起，结构不清。镜检：颗粒变性早期，细胞浆溶解，呈毛玻璃样。颗粒变性后期，细胞肿大，细胞浆内出现多量微细颗粒，细胞核被颗粒掩盖而不清楚，颗粒变性越严重，颗粒越多、越大。

1. **肝脏颗粒变性**

眼观：肝脏肿大，颜色变淡，质地软脆。

镜检：肝细胞肿大，细胞浆混浊，含有大量红色颗粒，细胞的细微结构模糊不清，肝窦变小。颗粒的大小和多少与病变的轻重相关。细胞核一般变化不大。

2. **肾脏颗粒变性**

眼观：体积增大，颜色变淡，切面隆起。

镜检：病变主要发生在肾小管上皮细胞，尤其是近曲小管上皮细胞。①肾小管上皮细胞肿大，细胞浆混浊，充满红色颗粒，细胞核可见或隐约不见。②由于肾小管上皮细胞肿大而突入管腔，使肾小管内腔变得狭窄而不规则，甚至完全闭塞。③病变严重时，肿胀的肾小管上皮细胞破裂，细胞浆流出，在管腔中成红色团块状，有时充满肾小管管腔，并且往往形成圆柱状的凝固物，可以随尿排出，形成蛋白尿管型。④肾小管上皮细胞脱落之后，只留下由基底膜构成的管腔轮廓（图3-1）。

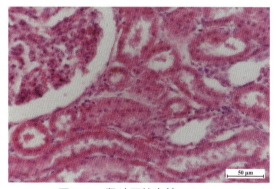

图3-1　肾脏颗粒变性（HE）

3. **心脏颗粒变性**

心脏颗粒变性时，心肌纤维的变化与肾小管上皮细胞的表现相似，心肌纤维肿胀、疏松，横纹消失，肌浆中弥散有红染的小颗粒。

二、脂肪变性

目的：通过对肝脏的病理标本和组织切片的观察，了解脂肪变性的一般形态表现。

材料：
标本：马妊娠毒血症脂肪肝。
切片：肝细胞脂肪变性(观察)。

观察：

肝脏脂肪变性

眼观：脂肪变性的肝脏肿大，变黄(灰黄和土黄)，质地软脆，边缘变钝(图3-2)。严重者，切面有油腻感，组织浮于水、不沉，水面漂浮一薄层脂肪滴。

镜检：①脂肪变性的肝细胞胞浆中出现大小不等的圆形空泡(图3-3)。②严重者，细胞体积变大、变圆，细胞核被挤到一边去，细胞似戒指，因此叫"戒指细胞"。③脂肪变性出现的部位由于病因不同而不一致。有的出现在肝小叶边缘，叫周边脂肪化，如中毒引起的脂肪变性。④有的出现于肝小叶中央静脉周围，叫中心脂肪化，如缺氧引起的肝脂肪变性。⑤有的发生脂肪变性的肝细胞弥散于整个肝小叶，使肝小叶呈蜂窝状，叫脂肪肝，如马、驴妊娠毒血症引起的肝脂肪变性。

图3-2 脂肪肝

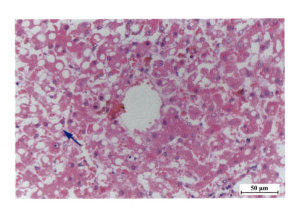

图3-3 肝脏脂肪变性(HE)
➡ 戒指细胞

三、玻璃样变和淀粉样变

目的： 通过对动物病理组织切片的观察，了解玻璃样变和淀粉样变的形态表现。

材料：
切片：结缔组织玻璃样变(观察)、肾小球玻璃样变(观察)、脾脏淀粉样变(示教)。

观察：

1. 结缔组织玻璃样变

常见于纤维瘢痕组织、纤维化的肾小球，以及动脉粥样硬化的纤维性瘢块等。此时，纤维细胞明显变少，胶原纤维增粗并互相融合成为梁状、带状或片状的半透明均质，失去纤维性结构。质地坚韧，缺乏弹性。在纤维瘢痕组织老化过程中，原胶原蛋白分子的交联增多，胶原纤维也互相融合，其间并有较多的糖蛋白积聚，形成玻璃样物质(图3-4)。

2. 肾小球玻璃样变(或透明变性)

常发生在慢性增生性肾炎的晚期，在肾小球血管丛内皮细胞和肾小球囊上皮细胞增生的基础上，上皮细胞逐渐由上皮性转为纤维性，血管丛与肾小球囊发生粘连及纤维化，并最终导致肾小球玻璃样变，表现为肾小球毛细血管网消失，呈均质、透明、红色的团块，细胞成分很少或无细胞成分，残存的细胞则散在于红色的团块之中（图3-5）。与此同时，肾小管也发生玻璃样变（透明滴样变）。开始，肾小管上皮细胞胞浆内出现红色滴状物，以后细胞破裂，红色滴状物相互融合，形成红色均质的团块状物质，即肾小管玻璃样变（图3-5）。

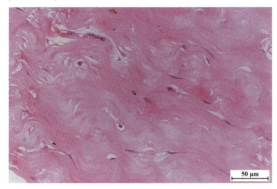

图3-4　结缔组织玻璃样变（HE）

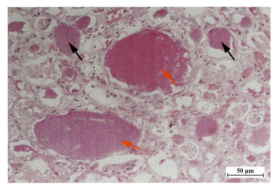

图3-5　肾小球和肾小管玻璃样变（HE）
　　→ 肾小球玻璃样变　　→ 肾小管玻璃样变

3. 脾脏淀粉样变

眼观：脾脏因淀粉样物质沉积而增大，质地硬而有弹性。切面可见脾小体增大如米粒，叫"西米脾"。有的呈红白相间的斑块，又叫"火腿脾"。

镜检：淀粉样物质在淋巴小结周围开始沉着，逐渐侵入淋巴小结中心区，网状细胞及淋巴细胞萎缩消失，淋巴小结被灰红色均质的淀粉样物质所代替。与此同时，该淋巴小结中央动脉壁也出现灰红色均质的淀粉样物质，最后中央动脉也消失。静脉扩张充血，红髓中有多量色素沉着及中性粒细胞浸润。

实验四 坏死

目的： 通过对动物病理大体标本和组织切片的观察，了解坏死的大体病理变化和细胞的形态变化，并明确不同类型坏死的特点及坏死的结局和影响。

材料：

标本：牛肺结核干酪样坏死、猪瘟直肠黏膜溃疡、脓肿包囊形成。

切片：横纹肌蜡样坏死（观察）、奶山羊脂肪坏死（观察）、鸡肝脏结核干酪样坏死（示教）。

观察：

1. 凝固性坏死

组织坏死以后，由于蛋白质凝固，形成一种灰白或灰黄色、比较干燥而无光泽的凝固物质，叫作凝固性坏死。

（1）肾脏凝固性坏死 也叫贫血性肾梗死，是一种典型的凝固性坏死。

（2）干酪样坏死 常见于结核分枝杆菌引起的干酪样坏死。

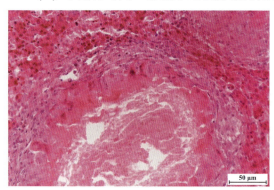

图 4-1 鸡肝脏结核（HE）

眼观：坏死组织呈灰白或黄白色、松软易碎的无结构物质，切面结构如干酪或豆腐渣，所以叫干酪样坏死。

镜检：典型的结核结节，中心区组织的固有结构完全破坏，细胞成分彻底崩解，融合成为均匀红染的细颗粒状物质，其中夹杂数量不一的细胞核碎片，向外有大量的上皮样细胞（图 4-1）。

（3）横纹肌凝固性坏死 通常称为蜡样坏死，常见于白肌病的横纹肌发生坏死的肌束。

眼观：颜色黄白或灰白，无光泽，似石蜡样外观，因此称为蜡样坏死。

镜检：肌纤维断裂、溶解、横纹消失，变成均质的红色条索状。在坏死的肌纤维间有较多的炎性细胞浸润（如中性粒细胞、巨噬细胞、淋巴细胞、浆细胞等）（图 4-2）。

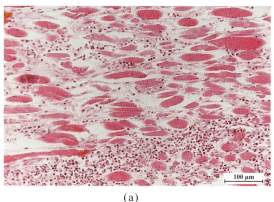
(a)

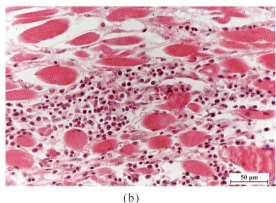
(b)

图 4-2 横纹肌蜡样坏死（HE）

（4）脂肪坏死　常见于脂肪组织外伤、胰腺炎和某些营养物质缺乏。

眼观：坏死的脂肪组织苍白无光泽，质地变硬，缺乏正常的油腻感。仔细观察，可见许多不透明的白色小颗粒。

镜检：坏死的脂肪细胞里充满无定形的嗜碱性物质（钙皂），有些可见脂肪酸溶解后所遗留下来的针状空隙，有时有巨噬细胞和异物巨细胞（图4-3）。

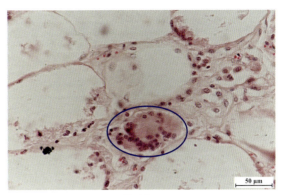

图4-3　脂肪坏死（HE）
椭圆内为异物巨细胞

2. 液化性坏死

化脓是常见的液化性坏死，这是由于化脓灶中多量的中性粒细胞发生变性坏死及崩解后，释放出大量的蛋白分解酶分解坏死组织，生成水分，液化成为脓液，葡萄球菌感染引起的化脓性炎的脓汁常为黏稠的黄色。

3. 坏疽、糜烂和溃疡

干性坏疽：多发生于肢体末端的体表部分（耳、鼻、蹄、尾、肉冠等处），局部变干、发硬、表面脱落，呈灰褐色或黑色，如慢性猪丹毒的皮肤坏死。

湿性坏疽：多见于内脏器官，坏死组织变软，呈膏状或粥状，污灰色或灰绿色，恶臭。当动物发生坏死杆菌病时，体表坏死组织也可因感染腐败菌而成湿性坏疽，如猪坏死杆菌引起的皮肤坏死。

气性坏疽：是湿性坏疽的一种特殊形式。主要由于创伤较深，感染厌氧细菌（如亚性水肿杆菌、产气荚膜杆菌等），细胞在分解坏死组织过程中产生大量气体（氢、二氧化碳、氮等），形成气泡，使坏死组织变成蜂窝状，呈深棕黑色，按压有捻发音。如牛气肿疽时骨骼肌气性坏疽。

糜烂和溃疡：坏死区位于皮肤或黏膜时，坏死组织脱落后留下缺损，浅的称糜烂，深的称溃疡，如胃溃疡、猪瘟直肠黏膜溃疡。

实验五　病理性钙化、结石形成与病理性色素沉着

目的： 通过对动物病理大体标本和组织切片的观察，认识钙化、结石和病理性色素沉着的表现，理解其发生机理。

材料：

标本：牛肺结核钙化、牛胸膜结核钙化、猪化脓性淋巴结炎钙化、脂肪瘤坏死钙化、驴砂粒肝、牛血管壁钙盐沉积；各种结石、鸡卵石、羊假结石。

切片：牛淋巴结核钙化（观察）、牛脾血肿的含铁血黄素及橙色血质（示教）。

观察：

一、钙化

眼观：病理性钙化多出现于坏死组织、干涸的脓汁、结核结节、鼻疽结节、血栓、细菌团块、组织内死亡的寄生虫之中。轻者肉眼不易发现，重者则在病灶里可见白色、坚硬、大小不等的砂石样颗粒，刀切时发出磨刀声，并感到有一定的阻力。肝脏里出现大量的钙化小结节时，称为砂粒肝（图5-1）。

镜检：在未脱钙的HE染色切片中，可见钙盐沉积的部位呈深蓝色细颗粒状，有时整个病灶为深蓝色的钙盐所占据（图5-2）。

图5-1　砂粒肝

二、结石

结石的种类很多，如胆结石（图5-3）、肠结石、肾结石、肾盂结石、尿道结石、膀胱结石、输尿管结石、涎石等。在羊、牛的胃肠道里，由被毛、饲草、植物纤维黏着缠绕，并且表面附着一定黏液和盐类的黑色球状物称为假肠结石（图5-4）。在禽的输卵管中由一

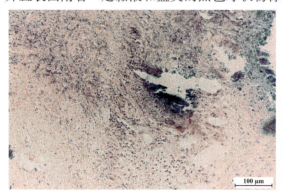

(a)

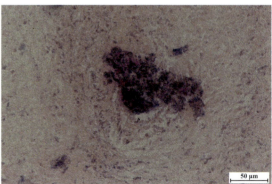

(b)

图5-2　牛淋巴结结核钙化（HE）

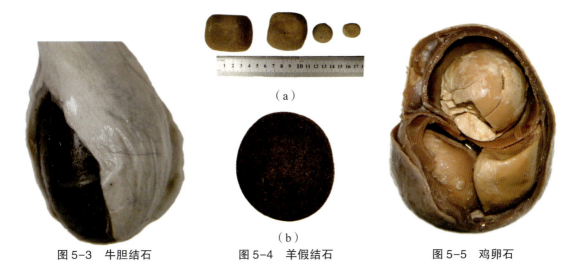

图 5-3 牛胆结石　　　图 5-4 羊假结石　　　图 5-5 鸡卵石

个或多个卵黄、大量卵白凝结成轮层状的结石样物质,叫卵石(图 5-5),也属于一种假结石。

三、病理性色素沉着

眼观:病理性色素沉着常见于脾血肿的含铁血黄素沉着及橙色血质。脾脏边缘部血肿,突出于脾表面。由于出血多而质地硬,切面暗红色,血肿周围有包囊,切开时有沙沙声。

镜检:脾内有大量出血区,并有含铁血黄素沉着(见于吞噬细胞内,细胞崩解后可出现于细胞外),在一个区域可见有较多的橙色血质——在细胞外呈金黄色片状或为无定形颗粒。在血肿内已有机化过程,有较多的结缔组织,部分区域可见有钙化灶。

实验六　肉芽组织、机化与包囊形成

目的：通过对动物病理大体标本和组织切片的观察，了解肉芽组织、机化与包囊的表现。

材料：

标本：纤维蛋白性心包炎、肺肉变、肺脓肿包囊形成。

切片：纤维蛋白性心包炎（观察）。

观察：

一、肉芽组织

由新生的成纤维细胞、丰富的毛细血管和炎性细胞所组成的一种幼稚的结缔组织称为肉芽组织。肉芽组织在机化、包囊形成、创伤愈合和组织修补过程中起着重要的作用。

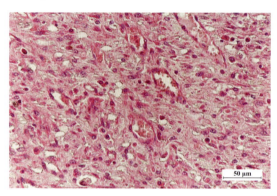

图6-1　纤维蛋白性心包炎肉芽组织（HE）

眼观：肉芽组织呈鲜红的颗粒状或结节状，质地柔软、易破坏而出血，表面常有一层炎性渗出物。

镜检：有大量的成纤维细胞、丰富的毛细血管和多种炎症细胞（中性粒细胞、巨噬细胞、淋巴细胞、浆细胞等）（图6-1）。随着病理过程的发展，成纤维细胞衰老，胶原纤维增多，毛细血管萎缩，炎症细胞消失。最后胶原纤维占优势，其中夹杂很少的纤维细胞，肉芽组织老化变成瘢痕组织。此时，外观呈灰白色，质地紧密。

二、机化

机体内出现的病理产物（如坏死灶、渗出的纤维蛋白、浓缩的脓汁、出血灶内的血凝块和血栓等），被肉芽组织所取代的过程叫机化。纤维蛋白性渗出物的机化是比较多见的，但常常引起相邻的组织粘连，如纤维蛋白性心包炎、纤维蛋白性腹膜炎、纤维蛋白性胸膜炎等。当动物患纤维蛋白性肺炎（大叶性肺炎）时，病灶内（肺泡、间质）的纤维蛋白和坏死组织不能被吸收，由肉芽组织所取代，引起机化而变实，质地如肉，故称肺肉变。

三、包囊形成

机体内出现的病理产物或异物被新生的结缔组织包围的过程为包囊形成。

眼观：在病理产物或异物周围有一个薄厚不一的结缔组织囊。

镜检：开始时病理产物或异物周围肉芽组织增生，最后成纤维细胞衰老，毛细血管萎缩，胶原纤维增多，变为结缔组织包囊。有时，还可看到多少不一的淋巴细胞和巨噬细胞浸润。当机体某组织存在缝线等异物时，异物周围常出现多核巨细胞积聚、厚层结缔组织包膜；当组织中存在寄生虫或其虫卵时，在虫体或虫卵周围的结缔组织中，常有多量的嗜酸性粒细胞浸润，有时还有钙盐沉积。

实验七　萎缩

目的：通过对动物病理大体标本和组织切片的观察，掌握器官和组织萎缩的形态表现及其发生机理。

材料：

标本：大熊猫心肌萎缩、猪心肌囊尾蚴压迫性萎缩、猪舌肌囊尾蚴压迫性萎缩、猪横纹肌囊尾蚴压迫性萎缩、猪肝脏细颈囊尾蚴压迫性萎缩、猪肝脏棘球蚴压迫性萎缩、山羊肾盂积水压迫肾实质萎缩、马心冠脂肪萎缩、间质性肾炎压迫肾实质导致其萎缩。

切片：间质性肾炎（观察）。

观察：

发育到正常大小的细胞、组织、器官，在疾病过程中，由于物质代谢障碍，分解代谢超过合成代谢，细胞的体积缩小和数量减少，导致组织、器官体积变小、机能减退，称为萎缩。萎缩的类型有很多种，现结合标本和切片重点予以介绍。

1. 猪心肌、舌肌、横纹肌囊尾蚴压迫性萎缩

猪囊尾蚴是寄生在终末宿主——人体内的有钩绦虫的幼虫，它主要寄生在中间宿主——猪肌肉组织中，有时发现于脑组织。随着囊尾蚴的生长，压迫周围组织使其萎缩。

2. 猪肝细颈囊尾蚴压迫性萎缩

细颈囊尾蚴是寄生终末宿主——犬、狼小肠内的泡状带绦虫的幼虫，它主要寄生在中间宿主——反刍动物和猪的肝脏、浆膜、网膜和肠系膜等处。随着细颈囊尾蚴的增大，压迫周围组织导致萎缩，对肝脏影响尤为明显。

3. 猪肝脏棘球蚴压迫性萎缩

棘球蚴是寄生终末宿主——犬、猫肠内的细粒棘球绦虫的幼虫，棘球蚴常寄生在中间宿主——牛、绵羊、山羊、猪、骆驼及人的肝脏和肺脏里。随着棘球蚴包囊的增大，压迫肝脏或肺脏导致萎缩。

4. 山羊肾盂积水压迫肾实质萎缩

由于输尿管阻塞，尿液在肾盂里大量积聚，压迫肾实质发生萎缩。

眼观：输尿管和肾盂扩张，充满大量的液体，肾脏的实质变薄。

镜检：肾脏皮质和髓质变薄，肾小管上皮细胞体积变小，管腔扩张。有的上皮细胞脱落，细胞浆中出现棕褐色的色素颗粒沉着。

5. 心冠脂肪萎缩

心冠脂肪萎缩是常见的一种病理变化，在动物长期饥饿或长期患有消耗性疾病的情况下，往往出现心冠脂肪萎缩。

眼观：脂肪组织减少，颜色变深，质地变软，严重时呈透明的胶冻状，所以也叫脂肪样萎缩。

镜检：脂肪细胞变为多角形黏液细胞，间质里出现多量的浆液或黏液性物质。所以，脂肪萎缩又称脂肪黏液变性。由于成熟的脂肪组织因环境条件的变化，完全改变其原有的形态和机能，成为黏液组织，所以把脂肪萎缩又可称脂肪化生。

6. 间质性肾炎压迫肾实质萎缩

间质性肾炎是以间质大量增生为主的一类炎症。间质增生，压迫肾小管和肾小球发生萎缩。

眼观：肾脏表面凸凹不平，被膜增厚不易剥离，肾切面有很多结缔组织排列成灰白色条索状。

镜检：间质有大量结缔组织增生，肾小管和肾小球由于受压迫而变小，有的肾小管和肾小球表现为代偿性扩张。肾小管上皮细胞体积变小、数量减少，有的肾小管上皮细胞变性、坏死和脱落。

实验八　炎症细胞和渗出液

目的：通过观察动物病理组织切片，能够鉴别常见的炎症细胞和渗出液。

材料：

切片：横纹肌蜡样坏死、牛淋巴结结核、鸡肝脏结核、奶山羊脂肪坏死、牛放线菌肿、猪蛔虫性肝硬化。

观察：

在横纹肌蜡样坏死的病理组织切片中，重点观察中性粒细胞、巨噬细胞、淋巴样细胞和淋巴细胞等炎症细胞。在其他示教切片中，重点观察其余的炎症细胞。各种炎症细胞和渗出液的形态特点如下。

一、炎症细胞

1. 中性粒细胞

多见于急性炎症，尤其是化脓性炎症。成熟的中性粒细胞，约为红细胞的1.5倍，圆形。核通常分为2~3叶，但越老核分叶越多，呈深蓝色。细胞浆比较丰富，呈均匀的淡红色或亮红色，其中的颗粒尚不清楚（图8-1）。早期的中性粒细胞，核多呈杆状、圆形或椭圆形，染色比成熟型细胞淡。在化脓灶中，中性粒细胞往往发生了变性和坏死。变性者，细胞核浓缩、深染，细胞浆模糊不清。坏死者，细胞破裂，只能看到细胞核碎片。在化脓灶中，常发现早期的中性粒细胞。必须说明，禽类的中性粒细胞嗜酸性很强，细胞浆中可见到条、杆状红色颗粒，很像嗜酸性粒细胞，因此它也称假嗜酸性粒细胞。

2. 嗜酸性粒细胞（嗜伊红粒细胞）

多见于某些寄生虫侵袭（如旋毛虫、住肉孢子虫、猪蛔虫幼虫）、变态反应性炎（如放线菌病、马鼻疽、心内膜炎）、食盐中毒和某些营养物质缺乏时，嗜酸性粒细胞比中性粒细胞稍大，核分叶较少，细胞浆中有非常明显的红色颗粒（图8-2），但其大小、数量、嗜伊红强弱因动物种类不同而略有差异。

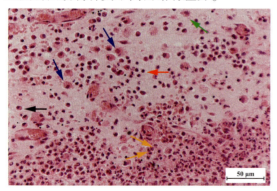

图8-1　牛放线菌肿（HE）
→ 中性粒细胞　→ 泡沫细胞　→ 淋巴细胞
→ 浆细胞　→ 巨噬细胞

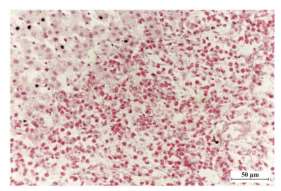

图8-2　猪蛔虫性肝硬变　嗜酸性粒细胞（HE）

3. 淋巴细胞

多见于亚急性和慢性炎症过程，而且主要是小淋巴细胞，而中淋巴细胞较少，大淋巴细胞通常看不到。组织切片中的小淋巴细胞很小（比中性粒细胞小得多，与红细胞相当），细胞核圆，呈深蓝色；细胞浆很少，淡蓝色，有时几乎不可见。中淋巴细胞比小淋巴细胞稍大，细胞核形状相似，但细胞浆很多。大淋巴细胞比中淋巴细胞还要大，细胞核圆形或长圆形，染色较小淋巴细胞为淡，细胞浆较多呈淡蓝色（图8-1）。大淋巴细胞一般只见于有炎症反应的淋巴结和脾脏。

4. 淋巴样细胞（简称小圆细胞）

一般见于慢性炎症，其大小和形态很像中淋巴细胞，故称淋巴样细胞。但与淋巴细胞不同之处是，淋巴样细胞的细胞核染色较淡，细胞浆较多，略嗜伊红。其与巨噬细胞也不相同，比较之下，淋巴样细胞要小，而细胞核染色要深，细胞浆的嗜伊红性较弱。由此看来，淋巴样细胞从大小、形状、染色性方面，都介于小淋巴细胞与巨噬细胞之间。必须说明，淋巴样细胞不是一种独立的细胞，而是从各种细胞（淋巴细胞、浆细胞、由活动到静止状态的中性粒细胞等）转化来的，仅仅样子像淋巴细胞的一类细胞。只有当不能与其他细胞区分时，方用此名称。

5. 浆细胞

一般见于亚急性或慢性炎症，细胞大小与中淋巴细胞相当，其形态特点是：

（1）细胞一头大一头小，甚至一头略尖一头圆，外形如鸡蛋。

（2）细胞核染色质多排列在靠近细胞核膜的地方，所以很像钟表的表面或大车的车轮。

（3）细胞略带嗜碱性呈蓝灰红色，而且在靠近细胞核的周围，细胞浆较透亮（图8-1）。

6. 巨噬细胞

这是一种具有强大吞噬能力的大细胞，来源于血液中的大单核细胞。这种单核细胞游出血管，由血液进入组织，变成巨噬细胞、肝脏的枯否细胞、肺脏的尘细胞等也可成为该组织的巨噬细胞。巨噬细胞形状、大小变化很大。在通常情况下，如果没有吞噬异物时，其体积比大淋巴细胞还要大些，单核、圆形，比淋巴细胞的核染色淡。有时可见到两个核，卵圆形，排列成"八"字形。细胞浆丰富、略嗜伊红。如果吞噬了异物，体积很大，可达未吞噬时的几倍甚至十几倍。异物如为含铁血黄素，则外形不规则，整个细胞浆几乎被含铁血黄素充满，细胞核很难看到。异物如为脂肪或类脂质颗粒，在石蜡切片里，可见细胞浆中遗留许多小空泡，故又称泡沫细胞（图8-1），这在某些中枢神经系统病变可见到。

7. 上皮样细胞

这种细胞仅见于具有特殊肉芽肿的疾病，如鼻疽、结核、放线菌病、副伤寒和旋毛虫病等。显然，它们多由病灶局部细胞转化而成，而有些则由淋巴样细胞和巨噬细胞变化而来。其特点是：细胞很大（比巨噬细胞还要大），常连成一片，界限不清，细胞核大，圆形或椭圆，染色质少，故染色淡，细胞浆很丰富，染色很淡，嗜伊红性很不明显。由此看来，这种细胞的形状、大小、染色性等和扁平上皮细胞相像，故称为"上皮样细胞"（图8-3、图4-1）。

8. 巨细胞

见于特殊肉芽肿（如结核结节）、脂肪坏死、某些肺炎和异物周围。这种细胞多由上皮样细胞、巨噬细胞融合或核分裂但细胞不分开而形成。巨细胞的特点有：

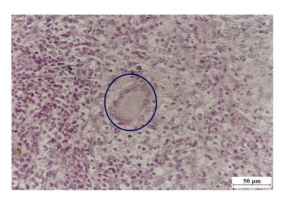

图8-3 牛淋巴结结核朗罕巨细胞(HE)

(1) 体积较大,并且大小不等、形态不一,为巨噬细胞的十几倍甚至一百多倍。

(2) 细胞浆嗜伊红性增强,细胞之间的界限不清楚。

(3) 细胞核很多,数量不等,排列有两种形式,即马蹄形或圆圈形(郎罕巨细胞)(图8-3)、乱散或重叠(异物巨细胞)(图4-3)。

二、渗出液

1. 浆液

眼观:为一种稀薄的蛋白性液体。

镜检:均质红染,或呈微细颗粒状,往往内含多少不一的炎症细胞。

2. 黏液

眼观:为半透明黏稠的丝缕状液体。

镜检:淡蓝紫色细丝或淡蓝色均质物质,其中常混有上皮细胞和炎症细胞。

3. 纤维蛋白

眼观:为半透明的胶冻状物。

镜检:在浆液的基础上,纤维蛋白呈嗜伊红的细丝状、网状或丝条状,其中夹杂有炎症细胞和脱落的上皮细胞。

4. 脓液

眼观:见于化脓性炎症,一般呈黄白色、乳状或糊状。时久者,脓液变干、黏稠甚至呈干酪样。

镜检:除嗜伊红的蛋白质外,主要为变性坏死的中性粒细胞(脓球)、巨噬细胞及其细胞核残片。

5. 出血性渗出液

眼观:这是一种伴有严重出血的浆液性或纤维蛋白性渗出物。

镜检:可见大量红细胞及多少不等的浆液、纤维蛋白和炎症细胞。出血性渗出液和单纯性出血是不同的,因为出血性渗出液伴有炎症过程。

应强调说明,上述单纯的一种渗出液在炎症时比较少见,混合型渗出液较常见。例如,浆液-纤维蛋白性渗出液、纤维蛋白性-化脓性渗出液等。

此外,上述炎症细胞和渗出液的染色反应,都是石蜡切片苏木精伊红染色的形态表现,如有其他染色方法,染色反应则有一定差异。

实验九　变质性炎症与渗出性炎症

目的：通过对动物病理大体标本和组织切片的观察，掌握变质性炎症和各类渗出性炎症的形态表现。

材料：

标本：中毒性肝营养不良（变质性肝炎）、猪坏死性盲肠炎、猪浆液性肺炎、猪痘、牛纤维蛋白性心包炎、猪固膜性肠炎、驴大叶性肺炎、化脓性肾炎、猪出血性坏死性胃炎、心包浆液性炎、马浮膜性肠炎、化脓性肺炎。

切片：变质性肝炎（观察）、浆液性淋巴结炎（观察）、纤维蛋白性心包炎（观察）、化脓性肺炎（观察）、纤维蛋白性肺炎（示教）、出血性肠炎（示教）。

观察：

一、变质性炎症

变质性炎症，即以变性、坏死为主的一类炎症。

如果以变性为主，器官外观同单纯变性不易区分。镜检：除实质细胞变性以外，间质还有一定的渗出和增生性变化。

如果以坏死为主，在组织器官上可见到大小不等的坏死灶，灰白或黄白色，晦暗无光泽，坏死灶的周围常有红晕。如坏死灶位于皮肤或黏膜，当其脱落后留有溃疡。镜检：组织细胞处于坏死状态，坏死灶周围有较多的中性粒细胞或其他炎症细胞。慢性者还有结缔组织增生。

变质性肝炎，肉眼变化不明显。镜检：中央静脉周围肝细胞发生坏死，坏死区有出血，坏死区小叶内和小叶间有一定的炎症细胞浸润。小叶边缘肝细胞脂肪变性。

二、渗出性炎症

1. 浆液性炎

常见于浆膜、黏膜、皮肤、皮下。实质器官、淋巴结等也可发生浆液性炎症。

（1）肺的浆液性炎症

眼观：肺呈弥漫的鲜红色，切开时流出有细小泡沫的液体，肺被膜下及小叶间可能稍增宽，呈胶冻状。

镜检：支气管及肺泡腔均充满浆液，其中有中性粒细胞。肺泡壁毛细血管和其他区域的血管充血。肺泡壁细胞增生、脱落，气管黏膜上皮细胞变性、坏死、脱落。

（2）浆液性淋巴结炎　参阅本书实验十二。

2. 纤维蛋白性炎

常见于浆膜、黏膜和肺。

（1）纤维蛋白性肺炎

眼观：肺脏体积肿大，质地变硬如肝脏，切面呈大理石样花纹，并有突起的颗粒状结构，间质增宽并含有多量液体。

镜检：细支气管和肺泡里出现大量的纤维蛋白，形成网状，其中有红细胞、巨噬细胞及脱落的肺泡壁细胞(图9-1)。

(2) 纤维蛋白性心包炎

眼观：初期可见在心包膜上有纤维蛋白渗出，并形成黄白色的薄膜。随渗出物增加，薄膜逐渐增厚，由于心脏跳动的冲击，心脏外面的纤维蛋白性薄膜变成绒毛状，即形成"绒毛心"。心包腔内也常蓄积多量污浊或恶臭的含有纤维蛋白的脓性渗出物，心外膜上也覆盖一层较厚的纤维蛋白性渗出物。

镜检：最外面是渗出的纤维蛋白，呈红染的网状或细丝状，其中夹杂有炎性细胞、红细胞及崩解的炎性细胞碎片(图9-2)。纤维蛋白层下面，由于渗出的纤维蛋白发生机化，出现肉芽组织，可见到成纤维细胞、大量的巨噬细胞、中性粒细胞及新生的毛细血管(图9-3、图9-4)。在肉芽组织下面是脂肪层和心肌层(图9-4、图9-5)。

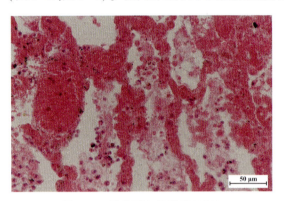

图9-1 纤维蛋白性肺炎(HE)

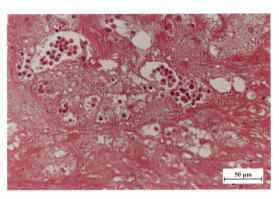

图9-2 纤维蛋白性心包炎 纤维蛋白(HE)

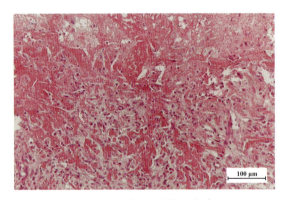

图9-3 纤维蛋白性心包炎
肉芽组织和纤维蛋白(HE)

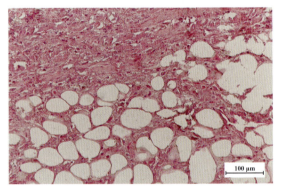

图9-4 纤维蛋白性心包炎
脂肪组织和肉芽组织(HE)

3. 化脓性炎

各组织器官均可发生，但最常见于皮肤、肺、肾和幼畜脐部。

化脓性肺炎，镜检可见到不同发展阶段的化脓过程。化脓性肺炎初期，只在支气管和肺泡里出现大量中性粒细胞为特征的炎灶渗出物(图9-6)，以后炎灶中心的炎性细胞和渗出物分解、软化而形成脓液，此时炎灶即变成一个小脓肿，邻近的几个小脓肿常常融合，而成为一个大脓肿，最后脓肿周围有结缔组织包囊。

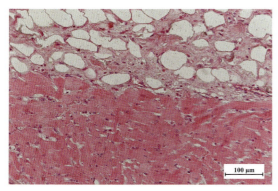 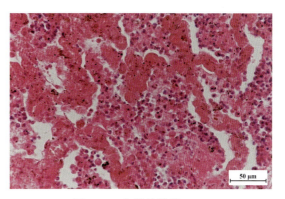

图 9-5　纤维蛋白性心包炎
心肌组织和脂肪组织（HE）

图 9-6　化脓性肺炎（HE）

4. 出血性炎

见于多种传染病，如炭疽、猪瘟、绵羊肠毒血症等。

出血性肠炎，镜检可见肠黏膜表面有大量的蓝色分泌物和脱落的肠黏膜上皮细胞，肠腺杯状细胞增多，分泌亢进，腺上皮细胞变性脱落，黏膜固有层血管扩张充满红细胞，血管周围弥散有多量的红细胞，固有层中巨噬细胞和淋巴样细胞浸润，黏膜下层血管扩张充血（图 1-4）。

注意：以上各种渗出性炎症并没有严格的界限。在同一切片里，甚至同一视野中，往往可以同时见到几种渗出物。病理学诊断是根据占优势的变化来决定的。因此，在进行病理组织学诊断时，必须全面、细致，切忌"一眼定论"。

实验十　增生性炎症

目的： 通过对动物病理大体标本和组织切片的观察，明确增生性炎症的形态变化特点。

材料：

标本：猪间质性肾炎、马动脉瘤、猪肾小球肾炎、马肥厚性空肠炎、肺和浆膜结核。

切片：间质性肾炎（观察）、牛淋巴结结核（观察）、鸡肝脏结核（示教）、非化脓性脑炎（示教）。

观察：

增生性炎症可分为急性增生性炎和慢性增生性炎。

一、急性增生性炎症

这是以间质组织细胞增生为主的一类炎症。

1. 脑

如非化脓性脑炎，发生于猪瘟、马脑炎等。

镜检：脑组织胶质细胞增生，甚至形成胶质细胞结节，血管周围有大量淋巴细胞和巨噬细胞浸润，呈现"血管套"，神经细胞可能有不同程度的变性、坏死变化。与此同时，在神经细胞周围有"卫星化"和"嗜神经"现象出现（图10-1）。

2. 肾脏

多表现为急性肾小球肾炎，主要见于猪瘟、猪丹毒等。

眼观：肾稍肿大。切面有红色半球状突起的肾小球。

镜检：肾小球血管内皮细胞和间质细胞增生，肾小球充血、出血及不同程度的炎性细胞浸润，肾小球囊内蓄积有浆液和纤维蛋白等，肾小管上皮细胞发生显著变性。

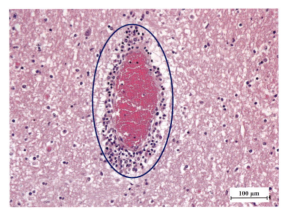

(a) 血管套

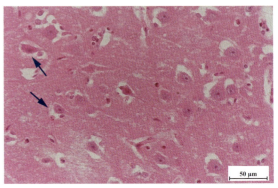

(b) ➡ 卫星化

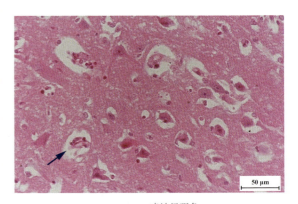

(c) ➡ 嗜神经现象

图10-1　非化脓性脑炎（HE）

3. 脾脏

表现为网状内皮细胞和淋巴组织细胞增生，如亚急性和慢性马传染性贫血时，脾肿大，质地坚实，切面上可见增生的淋巴小结，呈灰白色颗粒状，并显著向外突出。

4. 淋巴结

表现为网状细胞和淋巴细胞增生，如副伤寒时，淋巴结肿大，切面外翻，淋巴结似由很多灰白色颗粒组成，因质地颜色像脑髓，故有"髓样变"之称，久之可能出现黄白色坏死小点。

二、慢性增生性炎症

这是以间质结缔组织增生为主的一类炎症。而且因其增生导致器官变硬，故称为硬化。

1. 肾脏

眼观：肾皱缩，质硬，表面凹凸不平，被膜增厚，很难剥离，故有"皱缩肾"之称，肾切面有很多结缔组织排成的灰白色条索。

镜检：间质中有大量的纤维组织增生，结缔组织中浸润有大量淋巴细胞、巨噬细胞。肾小管发生压迫性萎缩而变小，也有的肾小管扩张变大，肾小管上皮细胞变性坏死，肾小管里常可见到由脱落的上皮细胞、细胞碎片及其他蛋白颗粒构成的红色条块状物质（尿管型）。

2. 消化道

表现为肥厚型和萎缩型。肥厚型表现为腺体、黏膜下结缔组织弥漫性增生及淋巴细胞和浆细胞浸润，使黏膜变厚（图 10-2）。由于黏膜增生程度不同，表面呈高低不平的颗粒状（胃壁），或变得像大脑沟回（肠壁）而使肠腔变小。萎缩型时，肠壁变薄、透亮、松弛，表面光滑。

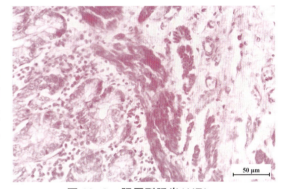

图 10-2　肥厚型肠炎（HE）

3. 血管

如寄生虫引起的动脉瘤，常发生在前肠系膜动脉根部，由于虫体侵害血管壁，使血管壁发生变性、坏死，而结缔组织增生，炎性细胞浸润，血管壁增厚，弹力下降而向外膨出，形似瘤体，血管内膜的破坏引起血栓形成，导致管腔狭窄。

4. 肝脏

往往因为寄生虫的侵袭，引起结缔组织弥漫性增生，使肝硬化，有时表面形成许多结节，状似鞋钉，故有"靴钉肝"之称。

三、特异性增生性炎

特异性增生性炎是指由某些特异病原微生物感染或异物刺激引起的特异性肉芽组织增生，又称肉芽肿性炎。形成的增生物称为肉芽肿。根据致炎因子不同，可将肉芽肿分为感染性肉芽肿和异物性肉芽肿。

感染性肉芽肿是由特定的病原微生物（如放线菌、结核分枝杆菌、鼻疽杆菌、布鲁氏菌等）引起的肉芽肿。这类炎症的细胞成分和一般的纤维结缔组织增生性炎显著不同，它除了一般的纤维结缔组织外,主要包括上皮样细胞、淋巴样细胞和巨细胞,有时可见到巨噬细胞、嗜酸性粒细胞、中性粒细胞等。

1. 结核结节

镜检:结核结节中央常发生干酪样坏死(嗜伊红颗粒状或团块状),坏死周围为上皮样细胞(图4-1)。上皮样细胞之间或外围,夹杂着数量不等的巨细胞。巨细胞的核常排列成马蹄形或圆形,称为朗罕巨细胞(图8-3)。在最外层,可见到一般的纤维结缔组织,如果结节形成不久,其中央可能不发生干酪样坏死。

2. 放线菌肿

眼观:放线菌肿常混于脓液中或散布于组织中,呈灰白或黄白色颗粒状。

镜检:中央为放线菌菌丝和脓液(图10-3),其外围主要有上皮样细胞,同时尚可见到成纤维细胞、巨噬细胞、浆细胞和异物巨细胞,大而老的结节,常以纤维化终结。

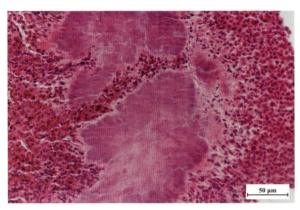

图10-3　牛放线菌肿(HE)

实验十一　肿瘤

目的： 通过对动物病理大体标本和组织切片的观察，达到肉眼上能够初步认识家畜常见的肿瘤，并在镜检时可以完全鉴别。

材料：

标本：牛皮肤乳头状瘤、骡纤维瘤、马黑色素瘤、鸡淋巴细胞肉瘤、骡软纤维瘤、羊肝未分化瘤、牛睾丸精原细胞瘤、牛息肉状腺瘤、牛囊性间皮细胞瘤、羊网状细胞瘤、马瘢痕瘤、鸡平滑肌肉瘤、牛黑色素瘤、牛脂肪瘤、牛甲状腺滤泡性腺癌、骡肝癌、马鳞状上皮细胞癌。

切片：鳞状上皮细胞癌（观察）、纤维瘤（观察）、黑色素瘤（示教）。

观察：

1. 乳头状瘤

这是被覆上皮的一种良性肿瘤，多见于反刍家畜的头、颈及外生殖器。

眼观：外形似乳头，突出于皮肤或皮肤型黏膜的表面，有时外表呈菜花状（图 11-1），质硬，如经常摩擦，可能出血或感染化脓。

图 11-1　皮肤乳头状瘤

镜检：被覆上皮向外生长成许多突起，每个突起的上皮组织和正常皮肤的组织结构差异不大，其表层细胞往往角质化。突起的芯由纤维结缔组织组成，称为纤维结缔组织轴心。靠近纤维结缔组织轴心的是似基底细胞层，细胞排列较整齐，细胞核较小。再向外是似棘细胞层，细胞和细胞核均比似基底细胞大。再向外是似颗粒细胞层，最外面是角质层。间质反应一般不明显，如有感染，则可见出血、坏死或炎性细胞浸润（图 11-2）。

2. 鳞状上皮细胞癌

这是被覆上皮的一种恶性肿瘤，多见于牛的眼睑、乳房和马的阴囊、包皮、阴唇等处。

眼观：可能只见局部组织弥漫性肿胀（有时呈结节状）、出血、破溃、化脓。由于极似感染创，故易误诊为化脓性炎症，用药物治疗无效。如发生于牛第三眼睑，则使眼睑突出如新生赘肉，因此牛眼经常流泪。鳞状细胞癌的切面可见许多粟粒大的发亮的灰白色小点。

镜检：癌细胞突破基底膜向深部组织生长，呈条状或块状（即"癌巢"）。癌巢中心的细胞常角化，故在 HE 染色时呈红色团块（即"癌珠"）。癌细胞分化程度较低，细胞大小不一致，有时可见到核分裂象，癌巢之间为纤维结缔组织、血管和炎性细胞，有时有出血（图 11-3）。

3. 纤维瘤

这是由分化程度较高的纤维结缔组织构成的一种良性瘤，多见于马属动物的包皮和阴囊。

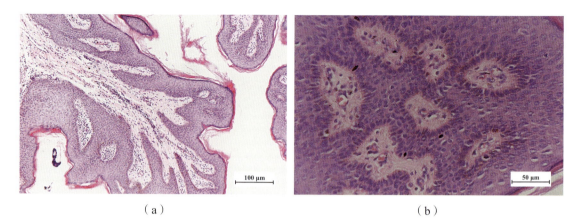

（a） （b）

图 11-2 皮肤乳头状瘤(HE)

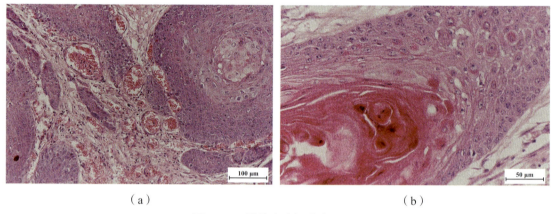

（a） （b）

图 11-3 鳞状上皮细胞癌(HE)

眼观：质硬、色白，包膜界限比较清楚，常呈大结节状或块状，似马铃薯(图 11-4)。切面上可以看出每个瘤体的界限，仔细观察，能够分辨出瘤组织由一卷卷纤维束构成，犹如被水浸湿的蚕丝疙瘩。有时表面溃烂，有肉芽组织生长，呈菜花状。

镜检：大量分化程度高的纤维瘤细胞和数量不等的胶原纤维。纤维瘤细胞和胶原纤维常排列成漩涡状或一束束地朝向同一方向(图 11-5)。根据细胞与纤维的比例，可把纤维瘤分为软、硬两种，细胞成分多者称为软纤维瘤，纤维多者称为硬纤维瘤。纤维瘤的血管通常较少，有时在瘤组织中可见到黏液性病变区和炎性细胞。如有炎症过程，也仅发生在肿瘤表面。

 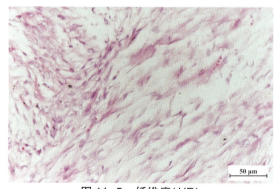

图 11-4 纤维瘤　　　　　　　　图 11-5 纤维瘤(HE)

4. 纤维肉瘤

由分化程度较低的纤维结缔组织构成。虽称肉瘤，但恶性程度一般不大，也多见于马属动物的包皮和阴囊。

眼观：纤维肉瘤与纤维瘤很难区分，不过纤维肉瘤的表面常有较严重的炎症、出血、溃疡和坏死。

镜检：和纤维瘤相似，但瘤细胞异型性较大，表现为细胞的大小、形状、染色性等都不完全一致，有时可以见到核分裂象。血管较多，常有一些炎症细胞。

5. 恶性黑色素瘤

黑色素瘤是由黑色素细胞发展而来的恶性肿瘤，马、骡最为多见，马属动物患此肿瘤时，在较长的时间内常常保持良性状态，但是往往能迅速恶化，广泛地转移，由原发部位转移到身体的各组织、器官。

眼观：呈黑色肿块。

镜检：瘤细胞含有大量黑色素，细胞形态主要表现为圆形、梭形或多角形，有时有核分裂象(图 11-6)。

6. 结肠息肉状腺瘤

结肠息肉状腺瘤属于结肠的良性肿瘤，不会发生浸润性生长，也不会发生向远处转移，结肠腺瘤泛指结肠黏膜表面向结肠肠腔突出的隆起性病变，包括腺瘤(其中有绒毛状腺瘤)、炎症息肉及息肉病等。有蒂的多是管状腺瘤，相对癌变率较低。腺瘤坚实牢固、无蒂的息肉易恶变；而带蒂具有活动性的则恶变率相对较低。息肉增大或息肉较大的易恶变，息肉无明显增大的，则较少恶变。有分叶的息肉易恶变，光滑圆润的则少。息肉基底大，头小者极易恶变。

镜检：腺瘤细胞增生，排列呈腺管状或实体状，毛细血管扩张，充满红细胞，可见多量炎性细胞浸润(图 11-7)。

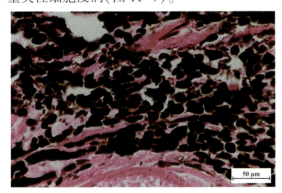

图 11-6　恶性黑色素瘤(HE)

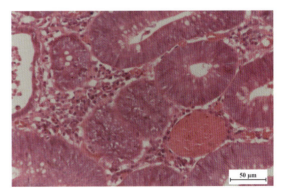

图 11-7　结肠息肉状腺瘤(HE)

7. 结肠腺癌

结肠腺癌是结肠腺的恶性肿瘤，其恶性表现是大多发生广泛转移，常转移到肠系膜淋巴结、腹腔淋巴结、腹腔脏器等。

镜检：管形-黏液性结肠腺癌，癌组织由大小不等、形状不规则的腺样结构和少量结缔组织构成，腺腔上皮呈单层或多层，腔中含有黏液、脱落的上皮及炎性细胞。低分化腺癌，癌细胞多构成无腺腔的不规则的细胞团块,其间为少量结缔组织,癌细胞异型性较大(图11-8)。

8. **脂肪瘤**

脂肪瘤是指由脂肪组织转化而来的肿瘤。脂肪瘤生长缓慢。

眼观:多呈球形、半球形、分叶状,或以细长根蒂悬垂于器官表面。肿瘤组织柔软,表面光滑,呈黄白色。

镜检:瘤组织和正常脂肪组织的构造相似,但是脂肪瘤细胞大小不等,有时见有脂肪母细胞,细胞浆内充满大小不等的脂肪空泡。间质结缔组织将肿瘤组织分割为许多小叶,间质的宽度不等,脂肪细胞中有钙皂(图11-9)。

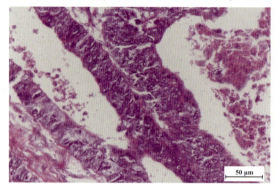

图11-8 结肠腺癌(HE)

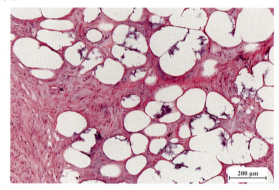

图11-9 脂肪瘤(HE)

实验十二　淋巴-网状内皮系统病理

目的： 通过对动物病理大体标本和组织切片的观察，了解淋巴网状内皮系统疾病的病理变化。

材料：

标本：猪瘟淋巴结出血、淋巴结结核、马脾门淋巴组织增生性出血性淋巴结炎、化脓性脾炎、梨形虫病脾肿。

切片：浆液性淋巴结炎（观察）、出血性淋巴结炎（示教）。

观察：

1. 浆液性淋巴结炎

为最常见的一种淋巴结炎，多发生于急性传染病。

眼观：淋巴结增大，被膜紧张，有充血。切开时流出大量清亮的水样液体，切面很湿润。

镜检：淋巴窦极度扩张，充满淋巴液，并有多量巨噬细胞和中性粒细胞浸润，内皮细胞和网状细胞肿胀、增生（即"窦卡他"）。

2. 出血性淋巴结炎

主要表现为淋巴结皮质淋巴窦（包括被膜下窦和小梁周窦）中有红细胞，并有浆液、纤维蛋白和炎症细胞的渗出。严重时，出血可波及所有区域，血管扩张、充满红细胞，血管内皮细胞肿胀。淋巴结周边部还可见有程度不一的坏死灶（图1-5）。

实验十三　心血管系统病理

目的：通过对动物病理大体标本和组织切片的观察，认识心脏、血管系统的病理变化。

材料：

标本：马浆液性心包炎、牛创伤性心包炎（纤维蛋白性心包炎）、猪心包积液、羊白肌病心肌炎（虎斑心）、猪疣状心内膜炎、马前肠系膜根部动脉瘤、颈静脉炎、牛主动脉硬化、猪浆膜丝虫病、心脏猪囊尾蚴寄生、猪心脏纤维瘤、白肌病心肌坏死。

切片：心内膜炎（观察）、牛主动脉硬化（观察）、纤维蛋白性心包炎（观察）。

观察：

1. 心内膜炎

家畜的心内膜炎主要见于慢性传染病和化脓性细菌的感染（如慢性猪丹毒、链球菌、葡萄球菌和化脓棒状杆菌感染），心内膜炎分为溃疡性和疣性。前者心内膜形成溃疡，后者是多在心瓣膜上发生的炎症，因肉芽组织增生而呈疣状赘生物。心内膜炎时，病变部位一定有血栓形成，病期久的，因机化和血栓继续形成而呈菜花状。

镜检：心瓣膜缺损，病变部有血栓附着（疣状物是由纤维蛋白、血细胞和血小板构成的白色血栓），血栓中常混有细胞团块，以后由于血栓发生机化而有肉芽组织形成。

2. 纤维蛋白性心包炎

参阅本书实验九。

3. 慢性动脉炎

参阅本书实验十。

4. 主动脉硬化

马和牛的动脉硬化见于主动脉及其分支，常呈弥漫型。

眼观：主动脉内膜粗糙，动脉壁变硬，内膜上弥漫分布很多质地较硬、小米粒大小的突起，似小砂粒，切开时有沙沙声。

镜检：内膜表面有小的坏死灶，局部已钙化，或者在中膜有较大的坏死钙化灶。中弹力膜破裂，其弹性纤维发生局部性坏死、断裂，而纤维结缔组织增生并发生透明变性。

实验十四　呼吸系统病理

目的： 通过对动物病理大体标本和组织切片的观察，了解呼吸系统疾病的病理变化和发病机理。

材料：

标本：牛肺气肿、肺水肿、支气管肺炎；驴纤维蛋白性肺炎、化脓性肺炎；猪喘气病间质性肺炎、羊小型肺线虫病间质性肺炎、猪肺丝虫间质性肺炎、驴纤维蛋白性出血性胸膜炎、猪出血性胸膜炎、羊网状细胞瘤。

切片：肺气肿（观察）、化脓性肺炎（示教）、大叶性肺炎（示教）、猪喘气病间质性肺炎（观察）、间质性肺炎（羊小型肺线虫病）（观察）、浆液性肺炎（示教）。

观察：

1. 肺水肿

参阅本书实验一。

2. 化脓性肺炎

参阅本书实验九。

3. 肺气肿

局灶性肺气肿和肺萎陷经常同时存在，是支气管炎时因渗出物堵塞支气管的结果。在肺气肿的地方，肺因过多充满气体，故肺体积变大，呈淡红白色，突出于肺表面。

眼观：肺泡极度扩张，呈圆形或卵圆形，肺泡壁变薄，毛细血管因受压而不明显，无炎症反应。发生萎陷的区域，很像胰脏，粉红色，不含气体故沉于水中。

镜检：萎陷区域的肺泡不扩张，发生塌陷，肺泡壁毛细血管扩张，时间久时，还可见浆液渗出及结缔组织增生，甚至造成肺硬化。间质性肺气肿时，镜下见小叶间质极度增宽，且其中空虚，在小叶间质两侧附近的肺泡群呈现萎陷状，肺泡被压扁（肺膨胀不全），该区肺泡壁增厚，空隙周围的肺泡群同样发生萎陷。

4. 浆液性肺炎

参阅本书实验九。

5. 间质性肺炎

猪喘气病时，肺脏病变主要在肺尖叶、心叶、中间叶和膈叶前缘，病变以支气管为中心，呈粉红、灰红色、质地坚实，很像胰脏，故有"胰样变"之称。病变区周围可能有程度不同的气肿区。镜检：血管、支气管周围有淋巴细胞呈围管状或结节状增生，支气管腔内有炎性分泌物和脱落的上皮细胞，支气管上皮细胞增生肿胀，肺泡内出现浆液及巨噬细胞、中性粒细胞等，肺泡壁细胞肿胀变圆，肺泡壁水肿并有淋巴样细胞浸润。

6. 纤维蛋白性肺炎（大叶性肺炎）

多见于牛传染性胸膜肺炎、猪巴氏杆菌病等，是指整个或大部分肺叶发生的以纤维蛋白渗出为特征的一种肺炎，故又称纤维蛋白性肺炎。一般分为 4 个病变时期：充血水肿期、红色肝变期、灰色肝变期和消散期。

(1) 充血水肿期

眼观：肺肿大、充血、水肿，呈暗红色，切面红色，按压有多量的血样泡沫液体流出，肺组织在水中呈半浮半沉。

镜检：肺泡壁毛细血管扩张，充血，肺泡腔内有大量的浆液、少量的炎性细胞和红细胞。

(2) 红色肝变期　由充血水肿期发展而来。

眼观：肺脏增大，暗红色，质地变硬如肝脏。病灶切面干燥，呈颗粒状。肺组织沉于水。胸膜混浊变厚，表面有纤维蛋白性渗出物覆盖。

镜检：肺泡壁毛细血管高度扩张、充血。肺泡腔有大量浆液、纤维蛋白、细胞渗出物和红细胞(图9-1)。

(3) 灰色肝变期　肺充血减退。

眼观：肺脏体积肿大，质量增加，质地硬实。颜色由暗红色转变为灰红色，最后转变为灰白色。切面干燥，呈颗粒状，肺组织放入水中全沉。

镜检：肺泡壁毛细血管因受压而充血减轻或消失，肺泡腔内炎性渗出物较以前明显增多，出现大量的纤维蛋白和中性粒细胞，红细胞溶解。

(4) 消散期　炎症消散和组织再生，肺泡内液化的渗出物可经细支气管排出和淋巴管吸收。

眼观：炎症细胞开始崩解、消失，病变部位呈灰黄色，质地变软，切面湿润，颗粒感消失，按压其切面有脓样混浊物流出。

镜检：炎灶内中性粒细胞大部分变性、坏死，纤维蛋白溶解，大量巨噬细胞浸润。

实验十五　消化系统病理

目的：通过对动物病理大体标本和组织切片的观察，认识消化系统疾病的病理变化。

材料：

标本：马肠扭转、马肥厚型肠炎、慢性寄生虫胃炎与胃溃疡、猪出血性坏死性胃炎、驴出血性肠炎、马浮膜性肠炎、猪固膜性肠炎、马肠套叠、猪瘟直肠黏膜溃疡、马盲肠溃疡、牛梨形虫病胃溃疡、猪水肿病胃壁水肿、盲肠水肿、肝脓肿、肝脏点状坏死、猪蛔虫病肝硬化、肝片吸虫病肝硬化、中毒性肝硬化、原发性肝癌、骡肝癌、羊肝未分化癌、蛔虫性胆道阻塞、棘球蚴压迫性肝萎缩。

切片：马肥厚型肠炎（观察）、肝硬化（观察）、中毒性肝营养不良（示教）。

观察：

1. 马肥厚型肠炎

多发生于十二指肠、空肠和回肠。

眼观：病变部位肠壁肥厚，肠腔狭窄呈食管状，有的肠壁呈均匀肥厚，也有肠壁呈节段性肥厚，因而外观粗细不一，肠壁有时厚达 1 cm，断面上可见肠壁各层均增厚，尤其肌层肥厚更为明显。肠呈整齐的环形皱襞，被覆有黄白色黏液。有时肠黏膜呈粗大的颗粒状息肉样。

镜检：肠黏膜上皮细胞变性、脱落，杯状细胞肿大，固有层和黏膜下层纤维结缔组织呈灶状或弥漫性增生，并有淋巴细胞和浆细胞浸润，肠腺增生，肌层肥厚，主要表现为环行肌增厚明显（图10-2、图15-1）。

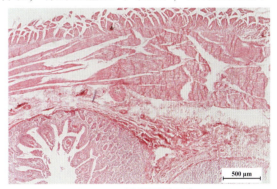

图 15-1　马肥厚型肠炎

2. 中毒性肝营养不良

常见于仔猪。

眼观：病变因发展阶段不同而异，在黄色萎缩期，肝稍肿大，土黄色，质地很脆。在红色萎缩期，则呈红色斑块，若伴有淤血，则表现为槟榔肝。病变继续发展，可能导致肝硬化。

镜检：肝小叶中央区或周边区肝细胞萎缩并发生弥漫性或局灶性变性（颗粒变性、脂肪变性），甚至坏死（黄色萎缩期），以后肝细胞崩解消失，中央区淤血或出血，并逐渐向周围扩大。小叶周边区的细胞发生脂肪变性，最外周的肝细胞发生颗粒变性，病变程度较轻。但有的病例，则正好相反，肝小叶周边部坏死的程度严重。

3. 肝硬化

家畜较常发生，主要因寄生虫病或慢性中毒性疾病而引起，特征为肝组织内有弥散的或局灶的纤维结缔组织增生及肝细胞变性。

眼观：肝体积缩小，质地变坚硬，表面由于肝细胞结节突出而高低不平。

镜检：肝结缔组织增生和网状纤维胶原化。纤维增生开始于汇管区，并逐渐包围和分割肝小叶，成为大小不一的肝组织小岛（假小叶），假小叶无中央静脉或是中央静脉在假小叶之一侧。肝细胞索结构消失，肝细胞排列成巢状。残留的肝细胞再生，再生的肝细胞较大，有的有两个细胞核。由于肝小叶失去网状纤维支架，因而相聚成团、无索状结构。大部分窦状隙被挤压、消失，内皮细胞肿胀。汇管区不明显，结缔组织高度增生，其中散在有肥大与萎缩的肝细胞，并有较多的增生胆管(图15-2)。

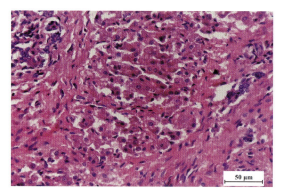

图15-2　肝硬化(HE)

实验十六　泌尿系统病理

目的：通过对动物病理大体标本和组织切片的观察，了解泌尿生殖系统疾病的病理变化特点。

材料：

标本：急性肾小球肾炎、慢性肾小球肾炎、间质性肾炎、肾囊肿、肾化脓性炎、肾盂积水、膀胱乳头状瘤、鸡卵巢癌、卵泡囊肿、牛睾丸精原细胞瘤。

切片：急性肾小球肾炎(示教)、间质性肾炎(观察)。

观察：

1. 急性肾小球肾炎

多见于传染病中。

眼观：肾稍肿大，往往表面为大花肾，切面上肾小球明显可见，呈红色的半球状突起。

镜检：肾小球血管内皮细胞和间质细胞增生，使血管球肿大，充满肾球囊而使囊腔变窄，肾小球充血出血，以及不同程度的炎性细胞浸润，肾球囊内有浆液和纤维蛋白等，肾小管上皮细胞变性。

2. 间质性肾炎

参阅本书实验十。

实验十七　神经系统病理

目的： 通过对动物病理大体标本和组织切片的观察，认识神经系统病理变化的特点。

材料：

标本：马松果体黑色素瘤转移、羊多头蚴脑部寄生、脑肿瘤。

切片：非化脓性脑炎（观察）、化脓性脑炎（观察）、牛脑结核（示教）。

观察：

1. 非化脓性脑炎

参阅本书实验十。

2. 化脓性脑炎

镜检：病灶呈圆形或椭圆形，其中有中性粒细胞浸润，有些炎性细胞崩解，形成化脓灶。脑组织中的神经细胞变性缩小，血管扩张充血，血管外膜细胞增生，血管周隙变大（图17-1）。

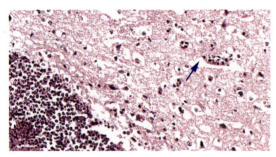

图17-1　化脓性脑炎（HE）
→　血管周隙变大

3. 脑结核

镜检：脑组织中有结核结节，结核结节中央有钙化和坏死物质，结核结节外有上皮样细胞、淋巴细胞、巨噬细胞、淋巴样细胞、郎罕巨细胞。结核结节附近区域的神经细胞变性或坏死。

第二部分
实习指导

实习一 动物尸体剖检术式

一、动物尸体剖检概述

动物尸体剖检,是运用动物病理解剖学知识检查动物尸体病理变化,研究疾病发生、发展以及转归规律的方法。它是动物病理解剖学的一个重要组成部分,也是动物病理解剖学的主要研究方法和动物疾病诊断的主要手段。

(一)动物尸体剖检的目的

动物尸体剖检的目的主要有3点:

(1)通过动物尸体剖检可以检验动物生前诊断的正确性,以便及时总结经验,提高诊疗水平。

(2)对于动物群发病,如传染性疾病和寄生虫性疾病,通过尸体剖检可以及早做出诊断、提出防治措施。

(3)动物尸体剖检资料的积累,可为各种动物疾病的综合研究提供主要依据。

(二)动物尸体剖检的准备工作

进行动物尸体剖检,尤其是剖检传染性疾病的动物尸体,既要防止病原扩散,又要预防自身感染,所以必须做好以下准备工作。

1. 剖检的时间

动物尸体剖检应放在白天进行,因为人工光线常不能正确地反映脏器的固有色彩。动物死后应立即进行尸检准备工作,尽早剖检,以防尸体自溶和尸体腐败造成病变模糊不清,失去剖检的价值和意义。

2. 剖检场地的选择

一般在室内进行为好,如果条件不许可,也可在室外进行。在室外进行剖检时:

(1)要远离房舍、厩舍、畜群、道路和水源。

(2)要挖尸体坑或利用枯井、旧土坑。

(3)坑旁铺上破旧垫席或塑料布等,将尸体放在上面剖检。

(4)剖检完毕后,立即把尸体、垫席和被污染的土层等一起投入坑内,撒一层生石灰或喷洒消毒液后,再用土掩埋。坑周围的地面也应严格消毒。

3. 病史调查

动物尸体剖检以前,应仔细了解病畜死亡前的情况,如临床表现和治疗情况,以便有目的、有重点地检查。

4. 动物尸体和运输工具的消毒

如用车辆运输患有传染病,特别是炭疽或鼻疽病的动物尸体时,应该用浸有消毒液的棉球堵塞尸体的天然孔,并用消毒液喷洒尸体体表各部,以防病原扩散。运送的车辆、绳索等用后也要严格消毒。

5. 剖检器械和消毒药品的准备

剖检器械主要有手术刀、手术剪、镊子、剥皮刀、骨锯、凿子、斧头等。如果没有上述器械，也可以用一般刀、剪代替。剖检时常用的消毒液为 84 消毒液、新洁尔灭、洗必泰、来苏尔等。常用的固定液为 10% 福尔马林。此外，为了预防剖检人员感染，还应准备 3% 碘酊、2% 硼酸水、75% 乙醇和棉球、脱脂棉、纱布等。

6. 剖检人员的自身防护

应穿着工作服、戴乳胶或橡胶手套、穿胶靴，条件不具备的可以在手臂上涂抹凡士林或其他油类，以防感染。剖检时，如不慎割破手指或其他部位，应立即消毒，妥善包扎。如受伤较严重，应及时去医院就诊、治疗。如血液或渗出液进入眼内，应用 2% 硼酸水冲洗。应经常用水或消毒液洗去剖检者手和器械上的血液、脓汁和渗出液。剖检过程中，不要将血液、脓汁、渗出液到处抛洒。

7. 病理材料的处理

未检查的脏器不要用水冲洗，以免改变其固有色泽。在剖检过程中，如需做病理组织学检查，应随时取病变组织并放入固定液内。

8. 炭疽病的排除

对疑似炭疽病的动物尸体，可以切开掌部或跖部皮肤，采血做涂片检查，也可切开腹壁局部取脾组织进行检查。若确诊为炭疽，则严禁剖检，同时把尸体与被污染的场地、器具等进行严格消毒。

9. 剖检后的器械和用品处理

剖检完毕，应将器械和衣物先用消毒液充分消毒，然后用清水洗净。金属器械经消毒以后，要擦干净、晾干或烘干，以防生锈。

（三）动物尸体变化

动物死亡以后，受体内酶和细菌的影响以及外界环境的作用，尸体会逐渐发生一系列的死后变化，如尸冷、尸僵、尸斑、死后凝血、尸体自溶、尸体腐败等。正确地辨认尸体变化，可以避免把某些死后变化误认为生前病理变化。

1. 尸冷

动物死亡以后，体温逐渐降低至与外界温度相等的现象叫尸冷。尸冷发生的原因是动物死后产热停止而散热仍继续进行的结果。尸体温度下降受外界气温影响，在室温条件下，平均每小时下降 1℃。寒冷的冬季尸冷快，而炎热的夏季尸冷慢。尸温检查有助于确定动物死亡的时间。

2. 尸僵

动物死亡以后，肢体肌肉收缩而变为僵硬，表现为四肢不能屈伸，体躯僵直，使其固定于一定形态，这种现象叫尸僵。尸僵开始时间，大、中动物一般在死后 1~6 h 开始发生。开始于头部肌肉，随后为颈部、前肢、后躯和后肢，经过 10~24 h 尸僵完成。在死后 24~48 h 尸僵开始消失，肌肉又变软。尸僵出现的早晚、发展程度以及持续时间的长短与外界因素和自身状态有关。死于败血症的动物尸僵不明显或不出现。

3. 尸斑

动物死亡以后，由于心脏和大动脉收缩和地心重力的作用，静脉系统和尸体卧侧部发生坠积性充血。随着时间的延长，红细胞崩解、血红蛋白溶解在血液里，并通过血管壁向周围组织浸润，结果使心内膜、血管内膜以及血管周围组织染成红色，称为尸斑。尸斑一般在死后 24 h 开始出现，用手按压或改变尸体位置也不消退。

4. 血液凝固

动物死亡以后，在心脏和大血管内的血液凝结呈块状叫血液凝固。动物死亡以后血液凝固快时，血凝块呈均匀一致的暗红色。血液凝固缓慢时，血凝块分成明显的两层，上层为血浆成分，呈淡黄色鸡脂样，下层主要为细胞成分，呈暗红色凝块。血液凝固的快慢与死亡原因有关。因败血症、窒息以及一氧化碳中毒等死亡的动物，往往血液凝固不全。

5. 尸体自溶与尸体腐败

尸体自溶是指体内组织受到酶（细胞的溶酶体酶、胃液和胰液的蛋白分解酶）的作用而引起自体消化过程。自溶表现最明显的是胃和胰腺。胃黏膜自溶主要表现为黏膜肿胀、变软、透明、极易剥落或自行脱落，黏膜下层裸露等。

尸体腐败是指尸体组织蛋白由于细菌的作用而发生腐败分解的过程。导致动物尸体腐败分解的细菌主要是厌氧菌，它们主要来自消化道。腐败过程中，体内复杂的化合物被分解为简单的化合物，并产生大量气体，如氨、二氧化碳、甲烷、氮、氧、硫化氢等。

尸体腐败常可表现为以下几方面：

（1）死后臌气　主要发生在反刍动物的前胃和单蹄兽的大肠。由于气体的压力而腹部膨胀、肛门突出，腹部叩诊如鼓。

（2）尸体腐败　肝、肾、脾等内脏腐败。肝脏腐败往往发生较早，变化明显，体积增大，质地变软，颜色污灰，被膜下可见有小气泡，切面呈海绵状，并能挤压出有泡沫的血液，此种肝脏叫"泡沫肝"。肾和脾腐败时也能看到类似变化。

（3）尸臭　尸体腐败时能产生大量的硫化氢、己硫醇、甲硫醇、氨等气体，致使尸体散发出特殊的恶臭味，叫尸臭。

（4）尸绿　尸体腐败时组织分解产生的硫化氢与红细胞分解产生的血红蛋白和铁结合，形成硫化血红蛋白和硫化铁，使腐败的组织呈污绿色，叫尸绿。此种变化在肠道表现为最明显。

尸体自溶和尸体腐败受气温、湿度以及疾病的性质影响很大，在适当温度、湿度和败血症时，尸体腐败发生快且明显。尸体腐败易使生前病理变化受破坏，给剖检工作带来困难。因此，动物尸体剖检要在动物死后尽早进行。

（四）动物尸体剖检的描述

剖检动物尸体时，对病变的描述要用客观的语言表达，切不可用病理学术语或名词代替。如肾脏混浊肿胀的病变，可具体描述为"肾脏稍肿大、切面微突起、色泽变淡、结构模糊不清、质地脆弱"，不能只简单描述为"肾脏混浊肿胀"或"肾脏颗粒变性"。这些术语或名词只能在病理剖检诊断中出现。如果病变用文字难以描述，则可绘图或拍照补充说明。

为了描述真实、客观，用词必须准确。为了能客观、准确的描述组织器官变化，现就常描述的内容和规范加以扼要介绍。

（1）位置　指各脏器的位置有无异常，各脏器之间有无粘连。如肠扭转可描述为肠扭转 180°、360°等。

（2）大小、质量、容积和体积　力求用数字表示。一般用 cm、cm^2、mm^3、kg、mL 为单位。如条件限制，也可用常见的实物表示，如针尖大小、小米粒大、黄豆大、蚕豆大、鸡蛋大等。不可用肿大、缩小、增多、减少等主观而含糊的词语。

（3）形状　一般用实物比拟，如圆形、菜花形、结节形、不规则形等。

（4）表面　指器官表面有无异常，可用绒毛状、絮状、凹陷、隆起、虎斑状、光滑、粗糙等。

（5）颜色　单一的颜色可用红、黄、淡红、淡黄、苍白等词表示。复杂的颜色可用紫红、暗红、灰白、黄绿等词形容。为了表示病变或颜色的分布，常用点状、条状、斑纹状、块状、弥漫性等。

（6）湿度　一般用湿润、干燥、多汁等。

（7）透明度　常用清亮、混浊、透明、半透明等。

（8）切面　指组织器官切开后的变化。常用平滑、微突、结构不清、结构模糊、血样液体流出、流出含有泡沫的液体、呈海绵状等。

（9）质度　常用坚硬、柔软、脆弱、胶样、水样、粥样、干酪样、肉样、髓样、颗粒样、砂粒样等形容。

（10）气味　常用恶臭、酸臭、腥臭等。

（11）管状结构　常用扩张、狭窄、闭塞、弯曲等。

（12）正常与否　常用"无肉眼可见变化""未发现异常"等。不能用"正常"或"无变化"等。

（五）动物尸体剖检记录的主要内容

1. 概述

（1）病畜所在单位或畜主、畜种、性别、年龄、畜号、特征、死亡日期、剖检时间和地点、剖检和记录人员姓名。

（2）临床病历摘要及临床诊断结果。有必要时要通过临床医生或畜主调查了解，索要、记录临床检查化验单。此项是进行病理学诊断的重要参考资料。

2. 剖检所见

本项包括外部检查、内部检查和病理组织学检查。

3. 病理解剖学诊断

根据剖检所见病理变化，进行综合分析，判断病变主次，用病理学术语描述各组织器官的病变性质。如出血性肠炎、肾混浊肿胀、肝脏淤血、肝脏颗粒变性、纤维蛋白性肺炎、实质性心肌炎等。

4. 病理剖检诊断病名

根据病理解剖学诊断，结合临床症状和其他资料，经过推理，找出各种病变的内在联系、阐明疾病本质。最后，对被剖检的动物提出诊断病名，并提出处理意见和建议。

（六）病理材料的采取和寄送

动物尸体剖检过程中，有些病变难以用肉眼确诊，必须采取病理材料送检验室进行病理组织学检查。所以，剖检人员应掌握病理材料的采取、固定和寄送方法。

（1）取材尽可能全面系统　不管有无肉眼可见变化，对各组织器官都应采取。特别是对一些原因不明的疾病更应如此。有时根据剖检所见的病理变化情况，有重点地采取一些组织也是可以的。

(2) 病理材料的采取　采取组织的刀剪要锐利，并切忌挤压，取的组织应包括病变以及邻接的无病变组织；对于较重要或病变范围大的组织，应该多采几块，组织块的大小应不超过 0.5 cm×1.5 cm×3 cm。

(3) 病理材料的固定　固定液常用 10% 福尔马林或 95%~100% 乙醇。固定液的量应是病料体积的 5~10 倍。胃、肠、胆囊和膀胱等组织，切下后应将其浆膜面黏附于硬纸片上，使其展平，徐徐放入固定液内，切勿用手触摸黏膜，也不要用水冲洗，以防改变原有的色泽和结构。固定时间一般需 12~24 h。若有几个病例的组织块要放在一个容器里固定，应把每个病例的组织块用纱布包好，附上标签再放入固定液内固定。

(4) 病理材料的寄送　若本单位不具备制作切片的条件，应将固定好的组织块用浸透固定液的脱脂棉包好，密封包装后，按照相关规定寄送。寄送的材料应附尸检记录、组织材料说明书。后者包括所采组织种类、数量、固定液种类及病理组织学检查的目的和要求，以供检验单位参考。

二、动物尸体剖检术式

动物尸体剖检术式指的是动物尸体剖检方法和步骤。各种动物的尸体剖检术式略有不同。以下主要介绍马、骡的尸体剖检术式，其他动物的尸体剖检术式仅就其特点加以叙述。

(一) 马、骡尸体剖检术式

1. 外部检查

外部检查是指剥皮以前对尸体外表的检查。外部检查对于了解疾病性质、判断病因和死因可以起到一定的作用。进行外部检查时，首先要记述家畜的种类、品种、年龄、性别、毛色、特征，然后检查尸体外部状态。

(1) 营养状态　营养状态不好的马、骡尸体，皮下脂肪少，肋骨、脊柱、髂骨外角、坐骨结节显著突出，皮肤缺乏弹性，被毛粗乱无光、眼窝下陷。严重瘦弱的马、骡尸体，脂肪变为胶冻样。营养好的马、骡突然死亡后，皮下脂肪发达，肌肉丰满。营养状况检查对于区别急性死亡和慢性消耗性死亡有一定的参考意义。

(2) 可视黏膜　注意检查眼结膜、鼻腔、口腔和肛门等可视黏膜的颜色。黏膜苍白是贫血或内出血等病的象征，黄色则往往是黄疸的反映，暗红色则是全身血液循环障碍的标志。对于天然孔的检查，还应注意开闭状态，有无分泌物和排泄物及其数量、性状、颜色和气味等。

(3) 体表检查　要注意有无外伤、骨折，皮下有无水肿、气肿和脓肿，尸冷、尸僵、尸腐等尸体变化。

2. 内部检查

内部检查包括剥皮、切离前后肢、体腔剖开、内脏器官采出及其检查。

(1) 剥皮　先由下颌部沿腹部正中线切开皮肤，到脐部后把切线分为两条，绕开生殖器官或乳房，最后两条切线会合于尾根部。然后沿四肢内侧正中线切开皮肤，到球关节时做一环形切线。接着沿这些切线剥下全身皮肤。在剥皮过程中，应注意皮下脂肪的数量和性状，观察皮下纤维结缔组织有无出血、水肿和脓性浸润，还应检查肌肉的状态、颜色、血液凝固程度、体表淋巴结的性状等。对因传染性疾病死亡的动物尸体，为了防止病原扩散，一般不剥皮。

（2）切离前后肢　剖检马、骡，通常采用右侧卧位，切离左侧的前后肢，这样便于摘除脏器。

① 左前肢的切离：向上抬起左前肢，在肩胛内侧切断胸肌、血管、神经、下锯肌、菱形肌等，沿肩胛骨的前缘切断臂头肌和颈斜方肌，再在肩胛骨后缘切断背阔肌，最后在肩胛软骨部切断胸斜方肌，即可取下左前肢。

② 左后肢的切离：向上抬起左后肢，在腿内侧切断内侧肌群、髋关节圆韧带和副韧带，并将左右肢向背侧牵引，切断臀肌和股后肌群，即可取下后肢。

（3）腹腔的剖开与腹腔脏器的采出

① 腹腔的剖开：先将乳房或睾丸从腹壁切离。从肷窝沿肋弓至剑状软骨，从肷窝沿髂骨体至耻骨前缘分别切开腹壁，即可显露出腹腔器官。切开腹腔后，立即检查腹腔液的数量和性状，腹膜是否光滑，腹腔器官有无充血、出血、脓肿、粘连、肿瘤和寄生虫，腹腔器官的位置是否正常，胃和肠有无破裂，网膜脂肪含量有无变化等。

② 腹腔器官的采出：

a. 小肠的采出：第一步，用两手握住大结肠的骨盆曲往腹腔外前方牵拉出大结肠。第二步，将小结肠全部翻到腹腔外的背部，剥离十二指肠韧带并在十二指肠与空肠之间做双结扎，在双结扎之间切断。第三步，用左手抓住空肠的断端，右手持刀从空肠断端开始，靠近肠管切离肠系膜，直到回盲韧带处进行双结扎，从中间剪断并取出小肠。在采出小肠的同时，要注意肠系膜和肠系膜淋巴结等有无变化。

b. 小结肠的采出：先把小结肠拿回腹腔，再把直肠内的粪便向前方挤压，做一单结扎并在结扎的后方切断。抓住小结肠断端，切断后肠系膜，在十二指肠结肠韧带处结扎小结肠，并切断后取出。

c. 大结肠和盲肠的采出：先用手触摸前肠系膜动脉根，检查是否有寄生虫性动脉瘤。然后将结肠和盲肠上的两条动脉从肠壁上剥离，距肠系膜根约 30 cm 处切断，并将其断端交与助手牵引。这时，剖检者用左手抓住小结肠断端，以右手剥离附在大结肠胃状膨大部和盲肠部的胰脏。然后，将胃状膨大部、盲肠底部和背部连接的结缔组织充分剥离，即可取出大结肠和盲肠。

d. 脾的采出：左手抓住脾头向外牵引，使其各部韧带呈紧张状态并切断。然后，把脾和大网膜一并采出。

e. 胃和十二指肠的采出：先从膈的食道孔切开膈肌，抓住食管用力向后拉并切断。然后切断胃和十二指肠周围的韧带，便可采出。

f. 胰、肝、肾和肾上腺的采出：胰脏可以分离后单独采出，或把胰脏附于肝门部和肝脏一同采出，也可以随腹腔动脉、肠系膜一并取出。采取肝脏时，只要切断左、右三角韧带，后腔静脉和门腔静脉即可采出（勿损伤右肾）。摘取肾脏和肾上腺时，首先检查输尿管的状态，然后先沿腰肌剥离左肾周围的脂肪囊，并切断肾门处的血管和输尿管，即可取出左肾。右肾取出可用同样的方法。肾上腺可与肾同时采出，也可单独采出。

（4）胸腔的剖开和胸腔器官的采出

① 胸腔的剖开：剖开胸腔之前，先检查肋骨和肋软骨的状态。然后将膈的左半部从季

肋部切下，用锯先把左侧肋骨从椎骨连结处锯断，只留第一肋骨，再锯左侧肋软骨与胸骨连结，这样便可全部暴露出左胸腔里的器官。打开胸腔后，要注意检查左侧胸腔液的量和性状、胸膜的色泽、以及有无充血、出血、粘连等病变。

② 胸腔器官的采出：

a. 心脏的采出：在心包的左侧中央做十字形切口，将手洗净，把食指和中指伸入心包腔提起心尖，检查心包液的量和性状。然后，将左手伸入心包内，抓住心脏轻轻向外拉，右手持刀切断心基部的血管，取出心脏。

b. 肺脏的采出：切断纵隔膜背部，检查心侧胸腔液的量和性状以后，切断纵隔膜的联系，再切断胸腔前部的纵隔膜、气管、食管和前腔动脉，并在气管上做一小切口，将左手食指和中指伸入切口，牵拉气管即可把肺脏采出。

（5）骨盆腔的锯开和骨盆腔器官的采出　首先锯断髂骨体，然后锯断耻骨和坐骨的髋骨支。取掉锯断的骨体，用刀切离直肠与骨盆上壁的联系（母马和母骡还要切离子宫和卵巢）。再由骨盆腔下壁切离膀胱颈、阴道及生殖腺等，最后切断附着于直肠的肌肉，并将肛门、阴门做圆形切离，便可采出骨盆腔的器官。

（6）口腔的锯开和口腔、颈部器官的采出　切断咬肌，在下颌骨的第一臼齿之前锯断左侧下颌骨，然后切断下颌骨内面的肌肉和后缘的腮腺，下颌关节的韧带以及冠状突周围的肌肉，将左侧下颌骨取下，口腔内的器官即可完全暴露。左手握住舌头，右手持刀切断舌骨及周围组织，边牵引边切断喉、气管和食管周围组织直至胸腔入口处。这样就可把口腔和颈部器官一并取出。

（7）颅腔的打开和脑的采出　沿环枕关节横向切断颈部，使头颈分离，然后除去残留的下颌骨，切除颅顶部附着的肌肉。将头骨平放，沿两颞窝前缘横锯额骨，再距前锯线向后 2~3 cm 处锯一条平行线。然后从颞窝前缘锯线的中点至两颧弓上缘各锯一条线，再由两侧颧弓至枕骨大孔左右各锯一线。

做完上述锯线以后，用凿子撬去额窦部两条锯线间的骨片，再将凿子伸入锯线口内，用力揭开颅顶，即可使脑露出。然后用外科刀切离硬脑膜，并由前向后，细心的边切脑底部神经边取出大脑、小脑、延脑和垂体。

（8）鼻腔的锯开　先沿两眼的前缘横行锯断，再在第一臼齿前缘锯断上颌骨，最后纵行锯断鼻骨和硬腭，打开鼻腔、取出鼻中隔。

（9）脊椎管的锯开和脊髓的取出　先锯下两段欲检查的脊椎，再沿椎弓的两侧平行锯开椎管，便可采出脊髓。

（10）脏器的检查　脏器检查是尸体剖检的重要环节。所以，对各脏器要进行认真细致的检查。

① 腹腔器官的检查：

a. 胃的检查：首先检查胃的大小，浆膜面的色泽，胃壁有无粘连、穿孔和破裂等。然后用肠剪由贲门沿大弯剪至幽门，再观察胃内容物的量、性状、气味、寄生虫等。最后检查胃黏膜的色泽、有无水肿、出血、炎症和溃疡等。

b. 小肠和大肠检查：首先应检查肠浆膜的色泽，有无粘连、肿瘤、结节，同时检查肠系膜淋巴结的性状等。打开肠管检查时，对小肠要由十二指肠开始，沿肠系膜附着部向后剪开；对盲肠要由盲肠底开始，沿纵带剪至盲肠尖；对大结肠要从盲结口开始，沿纵带剪开，对小结肠要沿肠系膜附着部剪开。各部肠管内部检查，要做到边剪边检查，观察内容物的量、性状、气味、有无血液、异物、寄生虫等，还要去掉肠内容物，检查肠黏膜的性状。注意黏膜的色泽、厚度、淋巴滤泡的大小以及有无炎症等变化。

c. 脾脏检查：先检查脾脏的大小、硬度和脾淋巴结的性状。再观察脾脏被膜的性状和颜色。最后从脾头至脾尾做几道切线，进行切面检查。观察脾髓的颜色、脾小体的大小、脾小梁的性状，并用刀轻轻刮脾髓，检查血液含量和脾髓的质地。

d. 肝脏检查：先检查肝脏的大小、颜色、质地和性状以及淋巴结、血管、胆管。然后用刀做若干切面，检查切面的血量、颜色、肝小叶的形态变化，观察有无坏死灶、脓肿和砂粒肝等变化。

e. 胰脏检查：先检查胰脏的颜色和质地，然后沿胰脏长径切开，检查有无出血和寄生虫（如胰蛭等）。

f. 肾脏检查：先检查肾脏的大小、硬度，剥离被膜以后，观察表面色泽、平滑度，并注意有无疤痕、出血等变化。然后检查切面皮质和髓质的颜色，有无出血、淤血、脓肿和梗死，并要注意肾盂、输尿管的性状以及有无肿瘤和寄生虫等。

g. 肾上腺检查：检查其形状、大小、颜色和质地，然后切开观察皮质和髓质的颜色以及有无出血等。

② 胸腔器官的检查：

a. 心脏检查：先检查心脏的大小、色泽、心外膜有无出血、炎性渗出物和寄生虫，再检查心纵沟、冠状沟的脂肪量和性状。对心脏外部检查以后，沿心脏左纵沟左侧做切口，切至主动脉起始部；再沿心脏左纵沟右侧切口，切至主动脉起始部，然后将心脏翻转过来，沿右纵沟左右各 1cm 处做两条平行切线，经过心尖与左侧心切口相连接，再通过房室口切至左、右心房，即可全部打开心脏。这时就可检查心内膜颜色和有无出血、心瓣膜是否肥厚和溃疡。检查心脏的颜色、质地、有无出血和变性等。

b. 肺脏检查：先检查肺脏的大小、肺胸膜的颜色以及有无出血和渗出物。然后用手触摸各肺叶，检查有无硬块、结节和气肿，并观察肺淋巴结的性状。而后剪开气管和支气管，检查黏膜的性状，有无出血和渗出物。最后可将左右叶横切若干刀，检查切面的颜色、含血量，有无炎性病变、鼻疽结节和寄生虫等。此外，还应注意支气管和间质的变化。

③ 口腔、鼻腔及颈部器官的检查：

a. 口腔检查：检查牙齿的变化，口腔黏膜的色泽，有无外伤、溃疡和糜烂。舌黏膜有无出血、外伤和舌苔等。

b. 咽喉检查：注意黏膜的颜色、淋巴结的性状以及喉囊有无蓄脓等。

c. 鼻腔检查：观察黏膜的颜色，有无出血、水肿、结节、糜烂、溃疡、穿孔和疤痕。

d. 下颌及颈淋巴结检查：观察其大小、质地、有无出血和化脓等。

④ 脑的检查：首先检查硬脑膜和软脑膜有无出血、淤血、寄生虫。再从中间纵向切开大脑、小脑和延髓，检查脉络丛的性状以及脑室有无积水。然后横切脑组织，观察有无出血和液化性坏死灶等。

⑤ 骨盆腔器官的检查：

a. 膀胱检查：检查膀胱大小、尿量和颜色以及黏膜有无出血和结石等。

b. 子宫检查：从背侧剪开子宫体和两个子宫角，检查内膜的色泽，有无出血等。

⑥ 肌肉的检查：检查肌肉的色泽、质度，注意有无出血、变性、脓肿和寄生虫等。

上述各种腔的打开和各脏器的采出及其检查等，是系统尸体剖检程序。但程序的规定和选择，应该服从剖检的目的，而不必把它看作一成不变的东西。在实际工作中，应根据需要可以改变或取舍某些剖检程序。

（二）反刍动物尸体剖检术式

反刍动物牛和羊的剖检术式，无论外部检查或内部检查，原则上与马、骡的尸体剖检法相同。但是，由于反刍动物的腹腔器官和颅骨的解剖结构有很大差异，因此，剖检的术式也要有相应的改变。下面仅就反刍动物的腹腔剖开和腹腔器官采出以及胃的检查等略作介绍。反刍动物有4个胃，占据腹腔左侧的大部分以及右侧的中下部，前起第6~8肋间，后达骨盆腔。为了便于腹腔器官的检查和采出，尸体剖检时应采取左侧卧位并切离右侧的前后肢。

1. 腹腔的剖开

从右髋窝部沿肋弓至剑状软骨，从髋结节至耻骨联合分别切开腹壁。然后将被切成楔形的腹壁向下翻开，即可露出腹腔主要脏器。在剑状软骨部可见网胃，右侧肋骨后缘为肝脏、胆囊和皱胃，右髋部为盲肠。其他脏器均被网膜覆盖。

2. 腹腔器官的采出

为了采出腹腔脏器，应先将网膜切除，然后依次采出小肠、大肠、胃和其他器官。

（1）网膜的切除　以左手牵引网膜，右手持刀，将大网膜浅层和深层分别自其附着部的十二指肠降部、皱胃大弯、瘤胃左沟和右沟切离。再把小网膜从其附着部的肝脏脏面、瓣胃壁面、皱胃幽门和十二指肠起始部切离。此时小肠和结肠盘便可显露出来。

（2）空肠和回肠的采出　在右骨盆腔前缘找到盲肠，提起盲肠即可看到回盲韧带。切断回盲韧带，分离一段回肠，在距盲肠约15 cm处做双结扎，并从双结扎中间剪断肠管。然后，由此断端向前靠近肠管剪断肠系膜，分离回肠和空肠至十二指肠末端，再做双结扎并切断肠管，取出空肠和回肠。

（3）大肠的采出　在骨盆腔口找到直肠，将直肠内的粪便向前方挤压，在其末端做单结扎，并在结扎的后方切断直肠。然后握住直肠断端，由后向前把结肠从背侧脂肪组织中分离出来，并切离系膜直至前肠系膜根部。再将横结肠、结肠盘与十二指肠回行部之间的联系切断。最后把肠系膜根部的血管、神经、结缔组织一同切断，即可取出大肠。

（4）胃、十二指肠和脾脏的采出　先检查有无创伤性网胃炎、横膈炎和心包炎以及胆管、胰管的状态。采出时，先分离十二指肠系膜，切断胆管、胰管和十二指肠的联系，用力将瘤胃向后下方牵引，露出食道，在其末端结扎并切断。然后，助手用力继续向后下方牵引瘤胃，术者用刀切瘤胃与背部相连的结缔组织，并切断脾膈韧带，即可将胃、十二指肠和脾脏同时采出。如有创伤性网胃炎、横膈炎和心包炎时，必要时可将心包、横膈和网胃一同采出。

（5）腹腔其他脏器的采出　方法与马、骡基本相同。

3. 反刍动物胃的检查

先将瘤胃、网胃、瓣胃和皱胃之间的结缔组织分离，使有血管和淋巴结的一面向上，按皱胃在左、瘤胃在右的位置摆放。用剪刀沿着皱胃小弯部剪开，至皱胃与瓣胃交界处，则沿瓣胃的大弯部剪开，到瓣胃与网胃口处，又沿网胃的大弯剪开，最后沿瘤胃的上下缘剪开。这样即可把胃的各部分完全展开，如果发现有创伤网胃炎时，为了保持网胃大弯的完整性，可顺食道沟剪开。胃内容物和黏膜检查，与马、骡的检查方法基本相似，但网胃检查，应特别注意有无异物和创伤。

4. 颅腔的剖开

反刍动物颅腔的剖开方法与马、骡相同。但为了便于打开颅腔，也可从枕骨大孔起，沿枕骨片以及顶骨和额骨中央缝加做一条纵锯线，最后用力将两角压向两边，便可打开颅腔。

（三）猪尸体剖检术式

1. 卧位和剥皮

剖检猪的尸体时，通常将尸体仰卧。先切断左右肩胛骨和大腿内侧的肌肉以及髋关节的关节囊和圆韧带，然后用力向外侧按压，使四肢摊开即可。剥皮的方法基本与大家畜大同小异。但一般不剥皮，尤其是对患传染性疾病的猪或体格小的猪更是如此。

2. 腹腔的剖开

从剑状软骨后方沿腹正中线由前向后，直至耻骨联合做一切线。接着再从剑状软骨沿左右两侧肋弓后缘至腰椎横突做第二、第三切线。然后将两个楔形的腹壁向两侧翻开。便可露出腹腔器官。此时可见，结肠椎体位于腹腔后2/3稍偏右方，盲肠位于左腰部，其盲端位于骨盆。小肠位于腹腔的左前方和右后方。在胃与结肠之间为网膜。剖开腹腔时，应结合进行皮下检查。看皮下有无出血点、黄染等。在切开皮肤时需要检查腹股沟浅淋巴结，看有无肿大、出血等异常现象。

3. 腹腔脏器的采出及检查

腹腔脏器的采出，有两种方法：

（1）胃肠一起采出　先将小肠移向左侧，以暴露直肠。从靠近肛门处将粪便向内挤压，并用手捏住，在骨盆腔中将挤压无粪便的直肠单结扎，用手术刀在结扎的后方（靠近肛门一侧）切断直肠，左手握住直肠断端，右手持刀，从后向前，分离割断肠系膜根部等各种组织器官之间的连接组织，至膈时，在胃前单结扎、剪断食管，取出全部胃肠。

（2）胃肠分别采出　可先取出脾的网膜，再依次为空肠、回肠、大肠、胃和十二指肠等。

① 脾和网膜的采出：在左季肋部可见到脾。提起脾，切断网膜与其他联系后，即可将脾和网膜一并采出。

② 空肠和回肠的采出：把结肠椎体向右侧牵引，盲肠拉向左侧，显露出回盲韧带和回肠，在离盲肠约15 cm处做双重结扎，并从中间剪断肠管。然后握住回肠断端用刀切离回肠和空肠上附着的肠系膜，直至十二指肠空肠曲，在空肠起始部做双重结扎，并从中间切断取出空肠和回肠。

③ 大肠的采出：在骨盆腔口分离出直肠，将其中的粪便挤向前方做一结扎，并在结扎的后方剪断直肠。然后从直肠断端开始，向前方切离肠系膜直至前肠系膜根部。再分离结肠与十二指肠、胰腺之间的联系，切断前肠系膜根部的血管、神经和结缔组织，以及结肠与背部的联系，便可取出大肠。

关于胃和十二指肠、肾脏、肾上腺、胰脏和肝脏的采出方法与马、骡的相同。

4. 胸腔的剖开和胸腔脏器的采出

胸腔的剖开有两种方法：

（1）用刀切断两则肋骨与肋软骨结合部，再切离其他软组织，除去胸骨以后，胸腔便被剖开。

（2）从两侧最后肋骨的最高点至第一肋骨的中央部做两条锯线，再用刀切断横膈附着部、心包、纵隔与胸骨间的联系，除去锯下的胸壁，即露出胸腔。胸腔脏器的采出均与马、牛相同。

5. 颅腔的剖开

从环枕关节切下头以后，先清除头部皮肤和肌肉，再在两侧眶上突后缘做一横锯线，从此锯线两端经额骨、顶骨两侧至枕骨。在外缘做两条平行锯线，再从枕骨大孔两侧做一"V"形锯线与上边两平行锯线末端相连。最后将鼻端着地立起，用锤敲击枕嵴，即可揭掉颅顶，打开颅腔。

（四）家禽尸体剖检术式

鸡、鸭、鹅、鸽等的尸体剖检术式大致相同。以下仅就鸡的尸体剖检术式做一介绍。

1. 外部检查

（1）天然孔检查　口、鼻、眼等有无分泌物及数量与性状观察。注意泄殖孔的状态、黏膜的变化、排泄物的性状以及周围有无粪便污染，如雏鸡白痢时，为石膏样灰白色粪。

（2）皮肤检查　视检冠髯，注意头部或其他皮肤有无痘或疹。检查鸡足有无鳞足病和趾瘤。观察腹壁和嗉囊的颜色，有无尸体腐败等。检查胸肌和龙骨，注意肌肉的丰满度和龙骨是否变形、弯曲。可以判断营养状态和钙缺乏。

2. 内部检查

（1）剥皮和皮下组织检查　先用消毒液浸湿羽毛，再切开大腿内侧和腹壁的皮肤，并用力将两侧大腿向外翻，压直至髋关节脱臼，使其仰卧在瓷盘上。然后，由喙角沿中线至胸骨前剪开皮肤并向两侧分离，再在泄殖腔前横切开腹部皮肤，并由此切线的两端沿腹壁和胸壁两侧做两条垂直线，剥离掉胸腹部皮肤。在剥离皮肤的同时，要检查皮下组织。

（2）体腔的剖开　用剪刀按上述剥皮切线剪断胸腹壁的肌肉、肋骨、乌喙骨和锁骨，然后握住龙骨突用力向前上方翻转，并切断周围的软组织，即可去掉胸骨，露出体腔。

（3）气囊和体腔内容物检查　注意气囊是否混浊、增厚或覆盖有渗出物。观察体腔液的多少和性状，浆膜是否湿润有光泽。

（4）体腔内器官的采出　可先将心脏和心包一起剪离。再采出肝、脾，然后剪断食管和泄殖腔，把嗉囊、腺胃、肌胃、肠、胰及生殖器官一块采出。陷藏于肋间隙内和腰荐骨凹陷内的肺脏和肾脏，可用外科刀柄剥离出来。

（5）颈部器官的检查　用剪刀先将下颌骨、食管剪开。观察口腔、食管黏膜的变化。再剪喉头、气管，检查其黏膜及其分泌物变化。

（6）脑的采出　先用刀剥离头部皮肤，再剪除颅顶骨，即可露出大脑和小脑。然后轻轻剥离，并将嗅脑、脑垂体及视交叉神经等逐一剪断，便可把整个大脑和小脑采出。

（7）内脏器官的检查　检查的方法，基本上与大家畜相同。

（五）兔尸体剖检术式

1. 外部检查

（1）营养状况　可以从肌肉的丰满程度判断。营养不良的兔被毛粗乱、无光泽、肌肉薄，脊椎和骨骼明显。

（2）皮肤检查　注意皮肤的颜色、厚度、硬度及弹性，有无创伤和外寄生虫等。

（3）天然孔检查　包括耳、鼻、眼、口、肛门、阴门等的颜色，有无分泌物或排泄物以及流出液的性状。

2. 内部检查

外部检查以后，用消毒液浸湿兔毛，再进行剥皮，在剥皮的同时，注意皮下组织脂肪的多少、颜色以及有无出血和水肿。也可以不剥皮，但为了防止兔毛飞扬，粘在组织器官上，可用清水浸润被毛。剥皮的方法与大家畜基本相同。

（1）卧位和固定　先切断两前肢与胸壁的联系，再切断关节周围的肌肉和关节囊，四肢外展，仰卧固定在瓷盘内。

（2）腹腔的剖开与腹腔液的检查　从胸骨柄开始沿中线剪至肛门，再从胸骨柄沿两侧肋弓剪至脊柱，即可剖开腹腔。在剖开腹腔的同时，要检查腹腔液的量、颜色和混浊度。要注意腹腔的颜色、光泽、厚度等。

（3）腹腔脏器的采出检查

① 肝脏的采出和检查：切断肝脏与周围器官的联系，观察肝脏的大小、颜色、质地及切面变化。

② 胃肠的采出与检查：把胃向后拉，剪断食道，并切断胃肠与周围组织的联系，将直肠剪断取出。取出胃肠以后，沿胃大弯剪开胃，沿肠系膜附着的对侧剪开肠管，观察胃肠黏膜的变化以及内容物的性状。

③ 肾脏的采出和检查：切断两肾脏与脊部的联系，剥去被膜，观察肾脏的大小、色泽、质地、切面结构的变化。

④ 脾脏的采出与检查：可以和胃肠一起取出，也可以单独采出。检查脾脏的大小、色泽、质地、切面结构以及边缘有无梗死。

（4）胸腔的剖开与胸腔液的检查　沿肋软骨剪断肋骨与胸骨的联系，揭去胸骨，即可露出胸腔，注意观察胸腔液的量、颜色和混浊度。

（5）胸腔脏器的采出与检查　由喉部剪断气管，牵拉气管并剪断肺脏、心脏与其他组织联系，即可同时采出肺脏和心脏。

① 肺脏的检查：观察肺脏的颜色、大小、质地、切面有无液体流出，液体的颜色和数量，间质有无变化。再剪开气管并观察气管腔里分泌物性状以及黏膜变化。

② 心脏的检查：注意心包液的变化，心脏的大小、形状、质地，心内膜和心外膜有无出血等。

实习二　动物病理大体标本制作技术

（一）材料

各种染色试剂、标本缸、石蜡、胶带、玻璃板、棉线、手术剪、手术刀、手术盘、电磁炉、毛笔等。

（二）方法

1. 动物病理大体标本的收集

具有典型病理变化的动物病理大体标本主要通过尸体解剖获得。在临床上，对某些具有典型临床症状或病理变化的病例，在尸体剖检前首先要进行临床调查，记录动物的临床症状、诊疗等信息。根据动物临床症状及诊断结果，有针对性地检查某些组织和器官，并选择病变典型、结构完整，符合教学要求的器官和组织。标本收集后要随时做好登记和临床病例资料的整理工作，以便于档案管理及供学生开展临床病例讨论用。对于一些病变不典型或少见的病理标本，虽然一般不作为教学标本使用，但也可作为病理资料以供陈列，或作为第二课堂的教学资源使用。

2. 动物病理大体标本的取材

（1）材料新鲜　取材组织越新鲜越好，动物死亡后应尽早取病理组织、固定，以保证原有的形态学结构。

（2）勿挤压组织块　切取组织块用的刀剪要锋利，切割时不可来回锉动。夹取组织时切勿过紧，以免因挤压而使组织、细胞变形。

（3）规范取材部位　要准确地按解剖部位取材，病理标本取材按照各病变部位、性质的不同，根据要求规范化取材，尽量将典型病变部位取完整，既要满足病理组织学检查的要求，又要注意不要过多地破坏病灶和组织的整体形态。尽量将无关的组织去掉，保持器官的完整性和病变的特征性。

（4）选好组织块的切面　根据各器官的组织结构，决定其切面的走向。纵切或横切往往是显示组织形态结构的关键，如长管状器官以横切为好。

3. 动物病理大体标本的固定

将组织尽快地浸入固定液内，使组织和细胞的固有成分迅速凝固，防止自溶和腐败，使其保持与在体内的状态有相似的结构，以利于观察。盛放组织的容器容积要大，固定液的量要充足，一定完全淹没标本，并尽量装满标本缸。固定液一般选择10%福尔马林（即用福尔马林10 mL加蒸馏水90 mL配制）。福尔马林保存标本既简便又可靠，但其缺点是不能保留标本的原有颜色。如果要保存标本颜色，则需用凯氏法（Kaiserling法）等特殊处理方法。根据标本的形状和大小厚度采用相应的固定方法和时间。如肺脏，固定时要在上面覆盖一层脱脂棉，可以防止肺组织漂浮在上面而导致表面干燥，还可以促进固定液渗入。固定时间一般为7 d左右。

4. 动物病理大体标本的制作

（1）冲洗　固定后的标本首先用自来水冲洗12~24 h。

（2）选择标本缸　选择与标本宽度、厚度基本相符、高度比标本高 5~10 cm、透明度高的玻璃标本缸或有机玻璃缸，清洗干净，烤干备用。

（3）选择标本支架　根据标本的大小选择粗细合适的玻璃棒或玻璃板作为标本支架。将修剪好待制作标本的切面，用白色尼龙缝合线将标本固定在玻璃棒或玻璃板上。缝合时注意将线埋在标本内，不可暴露在标本病变的切面上。

（4）标本装缸　将固定在支架上的标本斜放进标本缸内，加入现配的 10% 福尔马林，液面至少超过大体标本上缘 5 cm，液面高度应低于瓶口 1 cm 左右为宜。

（5）封口　将标本缸上口、四周用纱布擦干净，轻轻盖好盖，并用玻璃胶封口，封口要严密以防液体流出。再用布胶带封口，将石蜡加热融化，用毛笔蘸取融化的石蜡涂抹在胶带上，并完全覆盖胶带。

（6）编号　最后把写有标本的编号和病变的中、英文名称的标签贴在其下方。

5. 动物病理大体标本的维护

每年定期检查标本，如果发现固定液蒸发过快，则需补充标本液，并重新密封。固定液不足者，及时补充标本液。

实习三　石蜡切片制作技术

（一）材料

1. 动物病理组织

动物病理组织。

2. 试剂

福尔马林、无水乙醇、石蜡、二甲苯、染色液。

3. 仪器设备

石蜡切片机、染色缸或染色机、包埋机、烘片机、电磁炉等。

（二）方法

1. 取材

参见实习二"（二）2. 动物病理大体标本的取材"。

2. 固定

从活体或尸体采取的组织做固定时，越新鲜越好。新鲜组织，经过适当固定，才能保持其细胞、组织的固有形态和结构，否则细胞因自身酶的作用可能把细胞蛋白质分解，形成自溶。同时未经固定的组织，由于细菌的作用而致腐败，使组织在形态上和结构上均受到很大的影响，直接妨碍组织检查。所以，为保持组织结构尽量接近于生前形态结构，采用一定的化学药品作用于组织，使细胞内各种蛋白质、脂肪、糖原物质很快凝固，保持组织原状，这种方法称为组织固定。

（1）组织固定液的作用及条件

① 能在短时期内将组织迅速固定，使组织不能收缩或膨胀过甚，以保持其原来的形态。

② 固定液必须同时也是保存液，组织固定后不致腐败。

③ 固定液须有适当的渗透能力，使组织内外同时均匀固定。

④ 固定液使组织固定后软硬适中，以便于切片染色。

（2）固定时间　固定的组织块的体积不宜过大，一般组织固定，以 3 cm^3 为宜，固定时固定液的体积应为组织块体积的 15~20 倍，固定的时间应根据组织块的大小和固定液的性质而定。

（3）固定液的配制

① 福尔马林：比较常用，固定的组织适应于各种染色法。福尔马林为含 35%~40% 甲醛的水溶液，固定组织常用 10% 福尔马林常温下固定 12~24 h。福尔马林稀释常用自来水，因为福尔马林含有微量甲酸，自来水为弱碱性，可以中和部分甲酸，必要时可用碳酸镁或碳酸钙来中和。这种固定液渗透力强，能使组织硬化，增高组织弹性，固定的组织厚度适当时，固定较为均匀，1.5 cm×1.5 cm×0.2 cm 大小的组织块固定数小时即可，如急需固定时，可加温至 70~80 ℃，经 10 min 即可固定。

② 多聚甲醛固定液：称取 4 g 多聚甲醛，加入 100 mL 蒸馏水中，加热并搅拌，使其溶

解。将采取的病理组织放入多聚甲醛溶液固定。

③ 乙醇：糖原、尿酸结晶、组织液涂片等用乙醇固定效果较佳。乙醇穿透力强，小块组织 2~4 h 即可固定。而 70%~80% 乙醇也是较好的保存液。乙醇可以凝固清蛋白，但不能沉积核蛋白（沉状物易溶于水），所以经乙醇固定的标本对核的着色不良，不适用于对染色体的固定。乙醇透入组织的速度很快，经乙醇固定的组织容易变硬，收缩也很强烈，比原组织缩小约 20%。乙醇是还原剂，它能氧化为乙酸，所以一般不与酪酸、俄酸、重酪酸钾等氧化剂配合为固定剂。

④ 丙酮：用于脑组织急速诊断，也为磷酸酶及氧化酶等的固定剂，固定时间为 24 h。它对糖原的保存则无效。

⑤ 乙醇-福尔马林液（简称 A-F 固定液）：

　　95% 乙醇　　　　　　　90 mL
　　福尔马林　　　　　　　10 mL

这种固定液固定快而兼有脱水作用，组织块大小为 1.5 cm×1.5 cm×0.2 cm 左右，固定 1~2 h 即可。固定后直接投入 95% 乙醇或纯乙醇内进行脱水。

⑥ 波恩（Bouin）固定液：

　　苦味酸饱和水溶液　　　75 mL
　　福尔马林　　　　　　　25 mL
　　冰醋酸　　　　　　　　5 mL

此液固定柔软组织穿透力强，固定均匀，小块组织只需 1 h，对皮肤和肌腱有软化作用。固定时间各人意见不一，为 24~72 h。固定后的组织直接投入 70% 乙醇脱水，组织中黄色苦味酸经各级浓度的乙醇可以除去，或者 70% 乙醇中加入饱和碳酸锂除去黄色再脱水。

⑦ 眼球固定液：

　　丙酮　　　　　　　　　50 mL
　　冰醋酸　　　　　　　　2 mL
　　福尔马林　　　　　　　4 mL
　　蒸馏水　　　　　　　　3 mL

此液的优点：眼球取下后，直接入内，眼球能保持生活状态，不发生变形凹陷。使用方法：固定一周后将原液倒去 1/2，再加入 1 倍丙酮固定 5 d，直接投入 95% 乙醇脱水。

3. 组织冲水

标本充分固定后，则宜极早由固定液中取出，进行洗涤，将组织内外残留的固定液予以清除之后，再进行脱水等步骤。一般冲洗时间为 12~24 h。

4. 脱水

脱水就是把组织内的水分彻底除掉，也称无水法。当组织要包埋于石蜡或火棉胶中时，因组织经固定、水洗后，含有大量的水分，以致石蜡或火棉胶不能浸入组织，故包埋前先经脱水。

脱水剂有乙醇、丙酮、正丁醇等，最常用的脱水剂为乙醇。纯乙醇对组织有强烈收缩及脆化的缺点，为避免组织急剧收缩和过度脆化，因而在组织冲水后，尽可能不立即投入纯乙醇或高浓度乙醇，应由低浓度至高浓度逐渐脱掉组织中的水分。一般采用乙醇浓度为：70%～80%～90%～95%，每种浓度乙醇脱水时间为6～12 h，无水乙醇洗2次，总共不超过4 h。脱水应注意：时间要根据组织块的大小及性质来决定脱水的时间长短，脂肪组织及疏松纤维宜加长脱水时间。脾、肝等含血量多的组织，时间适当缩短。

5. 透明

组织经乙醇脱水后，因乙醇不是石蜡的溶剂，则在入蜡前还需一种媒剂，既可与脱水剂融合，又可和石蜡融合。透明剂有二甲苯、甲苯、氯仿、香柏油、苯胺、松节油等。用的比较广泛的是二甲苯和氯仿。二甲苯：透明力强，若组织放入时间太长，易变脆，一般组织不超过4 h，小块组织1～2 h即透明。氯仿：作用较二甲苯慢，但不易使组织变脆，多用于双重包埋及骨组织透明，时间大约是二甲苯的1倍，但时间稍长，也无妨碍。

6. 组织浸蜡

此步骤在融蜡箱内进行。

组织经透明后，移入已融化的石蜡中浸渍，使石蜡充分透入组织间隙，此即为浸蜡。

石蜡有软蜡和硬蜡之分：软蜡熔点为45～50 ℃，硬蜡熔点为56～60 ℃。组织浸蜡是先浸软蜡，后浸硬蜡，以减少组织收缩及扭转过甚。

浸蜡时间以组织块大小而确定，一般为4 h：先浸软蜡1 h，后浸硬蜡3 h。浸蜡时，融蜡箱的温度稍高于石蜡熔点2～3 ℃。

7. 包埋

组织经石蜡充分渗透后，将融化的石蜡倒入金属包埋器内，用镊子迅速将组织平置于底部，待石蜡表面充分凝固后，连同包埋器投入水中，使其均匀凝固。

如果使用自动包埋机，则根据自动包埋机的操作步骤进行包埋。

8. 切片、附贴

制成的包埋组织块，即可切片。常用的切片机为轮式切片机，将组织蜡块固定于加热金属或木质的支持器下，待冷却，装置于切片机上，调节螺旋，使组织切面与刀面适当，然后将螺旋旋紧。校正切片机上的厚度标尺，一般厚度为4～6 μm。先用于转动微动装置的把柄，待组织面完全切平。均匀摇动切片机，即切出连续、成带的切片，右手用镊子夹住切片上端，左手以毛笔衬于切片下面，轻轻将切片摊于40 ℃左右的温水内，切片即自行展平，如有少许褶皱，可以用弯曲镊子轻轻展开，然后用镊背轻轻由切片相连的骑缝处分开，取洁净的载玻片，插入切片下，用镊子将切片引向玻片的适当位置，于37～40 ℃温箱内烤2～4 h，待干后进行染色。

9. 染色

(染色液及其他试剂的配制方法见附录)

(1) HE染色操作步骤

① 二甲苯Ⅰ、Ⅱ各2 min，室温低或二甲苯陈旧，可延长至各5 min。

② 浸入纯乙醇Ⅰ、Ⅱ，各1 min，洗去二甲苯。

③ 浸入95%乙醇1 min。

④ 浸入90%乙醇1 min。

⑤ 浸入80%乙醇1 min。

⑥ 蒸馏水或自来水洗 5 min。

⑦ Ehrlich 苏木精染液染 15 min。

⑧ 充分水洗。

⑨ 1%盐酸乙醇分化片刻。

⑩ 自来水洗 1~3 h,或浸入 0.25%稀氨水 10 s,细胞核变为蓝色即可。

⑪ 充分水洗。

⑫ 1%伊红溶液染 3~5 min。

⑬ 水洗。

⑭ 浸入 70%乙醇数秒钟。

⑮ 浸入 80%~95%各级浓度乙醇各 1 min。

⑯ 浸入纯乙醇Ⅰ、Ⅱ,各 1 min。

⑰ 浸入邻羟基苯甲酸甲酯(冬青油)1 min。

⑱ 二甲苯Ⅰ、Ⅱ透明各 1 min。

⑲ 树胶封固。

结果:细胞核呈蓝色,细胞浆呈淡红色,红细胞呈橘红色。

(2) Van Gieson 苦味酸和酸性品红法

① 10%中性福尔马林固定组织,石蜡切片。

② 组织切片脱蜡、水洗。

③ 以 Weigert 苏木精染液染 10 min。

④ 经蒸馏水浸洗数次。

⑤ 用 Van Gieson 液染 1~3 min。

⑥ 倾去染液,直接用 95%乙醇分化和脱水。

⑦ 无水乙醇脱水,二甲苯透明,中性树胶封固。

结果:胶原纤维呈红色,肌纤维、细胞浆和红细胞呈黄色。

(3) Masson 结缔组织三合染色法

① 石蜡切片厚 6 μm,脱蜡水洗。

② 0.2%冰醋酸水溶液浸泡片刻。

③ Masson 复合染色液中 5 min 或更长时间。

④ 0.2%冰醋酸水溶液浸泡片刻。

⑤ 5%磷钨酸水溶液 2~3 min,再入 0.2%冰醋酸水溶液浸洗。

⑥ 投入淡绿、冰醋酸水溶液浸染 5 min 或更长时间。

⑦ 再入 0.2%冰醋酸水溶液浸洗片刻。

⑧ 脱水、透明和封固。

结果:细胞浆和神经胶质纤维呈红色,胶原纤维呈绿色。

(4) 糖原染色法[高碘酸-Schiff(periodic acid schiff,PAS)染色法]

① 切片脱蜡至蒸馏水。

② 浸入 0.5%过碘酸中 10~20 min。

③ 蒸馏水洗 2 次。

④ Schiff 液染色 10~30 min。

⑤ 流水冲洗 5 min。
⑥ 用 Mayer 苏木精染细胞核 3~5 min。
⑦ 在 1% 盐酸乙醇中分化，自来水洗至细胞核变蓝为止。
⑧ 脱水、透明和封固。
结果：糖原和黏蛋白呈紫红色，细胞核呈蓝色，霉菌也呈紫红色等。
（5）淀粉染色方法
① 石蜡切片，脱蜡、水洗。
② 在 1% 刚果红水溶液中 1 h 或更长时间。
③ 投入饱和碳酸锂水溶液中 15 s。
④ 用 80% 乙醇分化，直至无多余染料溜下为止。
⑤ 水洗后用 Mayer 苏木精染液进行核染色。
⑥ 等干后进行二甲苯透明和树胶封固。
结果：淀粉样物质呈红色，细胞核呈蓝色。

实习四　冰冻切片制作技术

（一）目的

将动物病理组织标本经快速冷冻并制成病理组织切片，再经过染色处理，然后才能在显微镜下进行临床诊断和科学研究。

（二）材料

1. 动物病理组织

新鲜动物病理组织。

2. 试剂

液氮、染色液等。

3. 设备

冰冻切片机。

（三）方法

1. 冰冻切片操作

先接通水源，再接通电源，打开调节电源开关，制冷器开始冷却降温并结霜。选取新鲜组织或固定组织，放在冷冻台上冻固，视不同的组织，调节不同的电流进行切片操作，切片结束后，先关闭电源，再关闭水流，整理好机器。

注意事项：在制冷器工作的整个过程中，应始终保持水流畅通。必须保证一定的冷却水流量，一般在 400 mL/min 以上。组织不得和乙醇接触。

2. 冰冻切片染色

（染色液及其他试剂的配制方法见附录）

（1）HE 染色

① 切片直接入 Mayer 苏木精染液 5 min。

② 水洗。

③ 1%盐酸乙醇分化。

④ 经 0.25%稀氨水片刻使细胞核蓝化。

⑤ 水洗。

⑥ 1%伊红染液 3~5 min。

⑦ 甘油明胶封固或树胶封固。

（2）脂肪染色（苏丹红染色）

① 冰冻切片。

② 浸入所过滤的苏丹红染液 3~5 min。

③ 50%乙醇冲洗。

④ Harris 苏木精染液复染细胞核 5 min。

⑤ 水洗。

⑥ 1%盐酸乙醇分化 1~2 min。
⑦ 水洗。
⑧ 0.25%稀氨水使细胞核变蓝。
⑨ 水洗、甘油或甘油明胶封固。
结果：中性脂肪呈橘红色，细胞核呈蓝色。
(3) 脂肪染色(四氧化锇法染色)
① 在通风橱中将冰冻切片置于 1%四氧化锇中加盖静置 24 h。
② 流水冲洗约 6 h。
③ 如果有需要可以选择对比染色，可以用伊红染背景。
④ 在蒸馏水中浸洗数次。
⑤ 以甘油明胶封片。
结果：中性脂肪呈黑色。

参考文献

陈怀涛,2010.牛羊病诊治彩色图谱[M].2版.北京:中国农业出版社.
陈怀涛,赵德明,2013.兽医病理学[M].2版.北京:中国农业出版社.
陈主初,2006.病理生理学[M].北京:北京大学出版社.
高丰,贺文琦,赵魁,2013.动物病理解剖学[M].2版.北京:科学出版社.
朱坤熹,2000.兽医病理解剖学[M].2版.北京:中国农业大学出版社.
ZACHARY J F,2017. Pathologic basis of veterinary diseases[M]. 6th ed. St. Louis:Elsevier.

附 录　试剂配制

1. Harris 苏木精染色液的配制

苏木精	1 g
无水乙醇	10 mL
铵明矾	20 g
蒸馏水	200 mL

先将苏木精溶于乙醇内，再将蒸馏水及铵明矾加入混合煮沸，待稍冷却，徐徐加入氧化汞 0.5 g，继续加热至染液变为紫红色，以纱布盖住瓶口，临用时过滤，并于每 100 mL 中加冰醋酸 5 mL。此液因加有氧化汞，故其成熟迅速，配制后即可使用。染色时间为 5 min。

2. Ehrlich 苏木精染色液配制

苏木精	2 g
无水乙醇	100 mL
甘油	100 mL
冰醋酸	10 mL
钾明矾	2~3 g
蒸馏水	100 mL

先将苏木精溶于无水乙醇，再加甘油和冰醋酸，把钾明矾放入研钵，研成粉末，溶于蒸馏水，注入苏木精染色液，用玻棒搅匀，用棉花轻轻盖住瓶口，置于光线充足处，时而启开摇匀，颜色显红褐色为成熟，一般染色时间为 15 min。

3. 伊红染色液的配制

伊红是最有价值的细胞浆染色剂，有水溶性和醇溶性两种。

配方：

伊红 Y	0.5~1 g
50%乙醇	100 mL

每 100 mL 加冰醋酸 1 滴，可促进染色作用，配好过滤使用。

4. 苏丹红染色配制

苏丹Ⅳ	1 g
70%乙醇	59 mL
丙酮	50 mL

先将乙醇与丙酮混合再加入苏丹Ⅳ，用时过滤。

5. 1%盐酸乙醇的配制

70%乙醇	99 mL
盐酸	1 mL

6. 0.25%稀氨水配制

蒸馏水	400 mL
氨水	1 mL

7. 甘油明胶封固剂配制

明胶	40 g
蒸馏水	210 mL

放置 56 ℃温箱内至完全溶解过滤，再加甘油 250 mL，石炭酸 5 mL，继续加热，并搅拌，待完全混合贮于洁净玻璃瓶内，以备应用。

8. Weigert 苏木精配制

A 液：

苏木精	1 g
95%乙醇	100 mL

B 液：

30%氯化铁	4 mL
蒸馏水	95 mL
盐酸	1 mL

使用时 A 液和 B 液等量混合，可以保存 14 d 左右。苏木精配制经 20 d 才能成熟，所以需提前配制。

9. Van Gieson 染液配制

A 液：

酸性品红	1 g
蒸馏水	100 mL

B 液：

苦味酸饱和水溶液	1.22%

Van Gieson 染液使用时取 B 液 9 mL，加入 A 液 1 mL，即可使用。

10. Masson 复合染色液配制

酸性品红	1 g
丽春红	2 g
橘黄 G	2 g
0.25%乙酸	300 mL

混匀过滤后即可用。

11. 0.2%冰醋酸配制

冰醋酸	2 mL
蒸馏水	98 mL

12. 5%磷钨酸水溶液配制

磷钨酸	5 g
蒸馏水	100 mL

13. 0.5%过碘酸配制

过碘酸	0.5 g
蒸馏水	100 mL

待溶解后置于 4℃ 避光保存，可用两周。

14. Schiff 染色液配制

碱性品红	2.0 g
蒸馏水	192 mL
浓盐酸	8 mL
硫酸氢钠	5.0 g
活性炭	5.0 g

加入活性炭最好事先置入 100 ℃ 烘箱中 30 min，数次过滤直到滤液没有颜色，如果有颜色，需再加入适量的活性炭，保存于冰箱中。

15. Mayer 苏木精配制

苏木精	1 g
碳酸碘	0.2 g
钾明矾	50 g
蒸馏水	1 000 mL
柠檬酸	1 g
水合氯醛	50 g

配制溶液时先加入钾明矾，再加入苏木精并不停搅拌直至完全溶解，继而加入碳酸碘，令其充分溶解后，加入柠檬酸和水合氯醛，继续搅拌均匀，过滤后即可使用。

16. 1%刚果红水溶液配制

刚果红	1 g
蒸馏水	100 mL

将 1 g 刚果红溶于 100 mL 蒸馏水中，搅拌均匀，过滤后即可使用。

17. 饱和碳酸锂水溶液配制

碳酸锂	1.5 g
蒸馏水	100 mL

18. 1%四氧化锇溶液配制

四氧化锇	1 g
蒸馏水	100 mL

配制溶液时要在通风橱里操作，切勿吸入气体。

19. 甘油明胶封片剂配制

明胶	10 g
蒸馏水	60 mL
甘油	70 mL
酚	1 mL

溶解过滤后即可使用。